Yasser A. El-Amier
Mahmoud A. Zahran
Shaymaa O. Al-Mamoori

Vida vegetal no braço Damietta do rio Nilo no Egito

Yasser A. El-Amier
Mahmoud A. Zahran
Shaymaa O. Al-Mamoori

Vida vegetal no braço Damietta do rio Nilo no Egito

Uma denotação ecológica

ScienciaScripts

Imprint

Cover image: www.ingimage.com

This book is a translation from the original published under ISBN 978-3-659-83613-8.

Publisher:
Sciencia Scripts
is a trademark of
Dodo Books Indian Ocean Ltd. and OmniScriptum S.R.L publishing group

120 High Road, East Finchley, London, N2 9ED, United Kingdom
Str. Armeneasca 28/1, office 1, Chisinau MD-2012, Republic of Moldova, Europe
Printed at: see last page
ISBN: 978-620-8-28843-3

Lista de conteúdos

Sobre os autores

O Professor Mahmoud A. Zahran nasceu a 15 de janeiro de 1938. Zahran trabalhou como assistente de investigação e investigador no Centro Nacional de Investigação (1959-1963) e no Instituto de Investigação do Deserto (1963-1972), no Cairo. Em outubro de 1972, foi nomeado professor assistente na Faculdade de Ciências da Universidade de Mansoura e promovido a professor em novembro de 1976. Trabalhou como professor convidado (Universidade de Sheffield, Inglaterra, Reino Unido, durante um ano (1995-1996). O Professor Zahran é autor e coautor de mais de 25 livros em inglês e árabe publicados por editoras nacionais e internacionais.

Prof. Dr. M. A. Zahran

O Professor Assistente Autor Yasser A. El-Amier nasceu a 4 de abril de 1977. Licenciou-se no Departamento de Botânica, Faculdade de Ciências da Universidade de Mansoura, Egito (2000), onde obteve o seu Mestrado (2005) e Doutoramento (2010) na área da Ecologia Vegetal sob a supervisão do Prof. M. Zahran.

O Dr. El-Amier é coautor de *Mangrove Forests of the Arab World's Coastal Belts: A Climatic Phenomenon* (2016). Orientou cerca de trinta teses de 2012 a 2016. Além disso, escreveu cerca de quarenta artigos em revistas científicas nacionais e internacionais, abrangendo os campos da ecologia vegetal, ecofisiologia, palinologia, controlo de ervas daninhas e poluição. Foi editor do *Journal of Environmental Sciences* na Universidade de Mansoura.

Dr. Y. A. El-Amier

Dedicação

Fizemos da água todos os seres vivos", disse o Deus Todo-Poderoso no Alcorão Sagrado (Capítulo XXI, Anbiyaa ou Os Profetas, versículo 30).

"A água é a melhor de todas as coisas", dizia o poeta grego Pinder (Obeid, 1975).

- Ao rio Nilo: A alma da vida do Egito e dos egípcios.
- A todos os membros da equipa e aos meus colegas do Departamento de Botânica, Faculdade de Ciências, Universidade de Mansoura.

Prof. Dr. M. A. Zahran
Dr. Y. A. El-Amier

Este livro

O Egito é a dádiva do Nilo

A água dá vida a todos os países sob a forma de precipitação, águas superficiais (rios, lagos, ribeiros, lagoas, etc.) e/ou águas subterrâneas. O Egito é a dádiva do Nilo", disse Heródoto (484-425 a.C.), uma vez que a sua água dá ao Egito uma "fertilidade que tornou possível não só o desenvolvimento da famosa civilização agrícola antiga, mas também o crescimento desta civilização em paz e estabilidade".

A água cobre cerca de 71% da superfície da Terra. Tem muitas propriedades químicas e físicas únicas. Ao contrário da maioria das substâncias que se contraem quando congeladas, a água expande-se, permitindo que o gelo flutue à superfície de lagos e riachos. É um líquido a temperaturas comuns à maioria dos locais da Terra. Com a sua grande capacidade calorífica, pode absorver ou perder uma grande quantidade de energia antes de alterar sensivelmente a temperatura. Sendo um solvente universal, a água dissolve gases, nutrientes e minerais (Gordon *et al.,* 1993).

O rio Nilo estende-se desde o lago Tanganica na Tanzânia (Lat. 3°S) até à margem do mar Mediterrâneo no Egito (Lat. 31° 15'N) numa extensão de cerca de 6625 km. O braço de Damietta, um dos dois principais braços do rio Nilo, passa por quatro províncias com um comprimento de cerca de 242 km, com uma largura média de 200 m e uma profundidade que varia entre 12 e 20 m. Tem uma grande importância vital, uma vez que serve de fonte de água para as explorações municipais, industriais, agrícolas, de navegação e de alimentação de peixes dispersas entre El-Serw e a região de Faraskour.

Este livro apresenta os tipos de águas residuais que normalmente drenam para o braço de Damietta e as sucessivas alterações da vegetação ao longo do braço de Damietta do rio Nilo. As variações nos factores sedimento (hidrossolo) e água e averiguar o grau de correlação entre estas variáveis para determinar os factores que controlam a distribuição e abundância das comunidades vegetais na área de estudo.

Prof. Dr. M. A. Zahran
Dr. Y. A. El-Amier

CAPÍTULO 1

INTRODUÇÃO

O rio Nilo é a fonte predominante de água doce do Egito, representando cerca de 97% dos recursos hídricos. Entretanto, deve ser tido em consideração que a procura de água do rio Nilo está a aumentar no Egito, de acordo com o aumento da população e da economia em cerca de 2% e 5% por ano, respetivamente (Whittington e McClelland, 1992; Wichelns, 2002).

"O Egito é a dádiva do Nilo", disse Heródoto (484 - 425 a.C.), uma vez que este dá fertilidade ao Egito. Sendo a principal fonte de água do Egito, tornou possível não só o desenvolvimento da famosa civilização agrícola antiga, mas também o crescimento desta civilização em paz e estabilidade (Zahran e Willis, 1992). Num estudo sobre a água doce no mundo, foi referido que o Egito é um dos primeiros dez países a ficar sem água até ao ano 2025 devido ao rápido aumento da população (Engelman e Le Roy, 1993).

O braço de Damietta; um dos dois principais braços do rio Nilo; passa a cortar quatro províncias com um comprimento de cerca de 242 km, com uma largura média de 200 m e uma profundidade que varia entre 12 e 20 m (Elewa e Ali, 1999). Tem uma grande importância vital, uma vez que serve de fonte de água para as explorações municipais, industriais, agrícolas, de navegação e de alimentação de pisciculturas dispersas entre El-Serw e a região de Faraskour (Authman *et al.,* 2009).

A vegetação do Egito pode ser classificada em 7 tipos principais: vegetação desértica, vegetação de pântano salgado, vegetação de montanha, vegetação de dunas de areia, vegetação de pântano de junco, vegetação de água doce e vegetação de água salgada (Zahran e Willis, 1992). O pântano de juncos e os tipos de vegetação aquática estão muito desenvolvidos em habitats de água doce e salobra na região do Nilo (Hassib, 1951).

A flora do Egito contém cerca de 2.080 - 2.094 espécies de plantas com sementes e criptógamas vasculares (Tackholm, 1974; Boulos, 1995; El-Hadidi e Hosni, 1996). Tendo em conta as afinidades climáticas, geomorfológicas e fitogeográficas, distinguem-se oito territórios mais ou menos ecológicos (El-Hadidi, 1980). Cada uma destas regiões é caracterizada por vários ecossistemas. As condições ambientais que prevalecem em cada região (clima, solo, água, etc.) limitam o número de espécies vegetais e a extensão da sua distribuição.

A construção da barragem de Aswan na parte mais a sul do rio Nilo, no Egito, tem muitos efeitos secundários. A vegetação macrófita aquática está a crescer tão rápida e densamente que representa um problema grave. O rio Nilo e os seus sistemas de irrigação e de drenagem, bem como os lagos naturais do norte do delta do Nilo, estão gravemente infestados. O Governo egípcio gasta anualmente milhões de libras egípcias para controlar a vegetação que asfixia os cursos de água. Os problemas criados por estas plantas são muitos, tais como: constituir um perigo para a saúde ao proporcionar às larvas de mosquito um local ideal para se reproduzirem, provocar o esgotamento do oxigénio, interferir com a navegação, obstruir a drenagem e o fluxo de água nos canais de irrigação, diminuir a produção de fitoplâncton, poluir as reservas de água, aumentar a sedimentação ao reter partículas de lodo e provocar a perda de água através da evapotranspiração, podendo perder-se mais água por estas plantas do que apenas por evaporação (Moursi, 1976; Idso, 1981; Crundwell, 1986 e Zahran *et al.,* 1998). As plantas aquáticas podem ser benéficas ao fornecerem abrigo e alimento a peixes, aves aquáticas e outros organismos aquáticos; ao removerem compostos tóxicos da água, ao fornecerem fonte de alimentação animal; polpa de papel, fibra e bioenergia (Shaltout *et al.,* 1994).

O sistema aquático inclui partes distintas do ambiente, tais como rios, ribeiros, lagos, estuários, águas costeiras e águas oceânicas profundas (Duke, 1977). O crescimento de ervas daninhas aquáticas, que ocorre após perturbações do regime hidrológico natural causadas pelo homem, é muitas vezes inesperado e interfere frequentemente com a utilização proposta para a água (Mitchell, 1974). O estudo das plantas aquáticas sempre esteve atrasado em relação ao estudo das plantas terrestres (Zahran e Willis, 2003). A comunidade de plantas aquáticas é caracterizada pela sua composição de espécies e por caraterísticas adicionais derivadas desta, tais como a forma de vida e de crescimento, a diversidade de espécies, etc. Pode ser considerada como um quadro estrutural que, como unidade, pode ser relacionado com o meio abiótico e biótico.

Uma definição do termo hidrófita (planta aquática) é a planta aquática que vive e cresce dentro ou sobre a água (salgada ou doce) (Zahran e Willis, 2003). A planta aquática é geralmente descrita como "macrófita". No entanto, não se refere a nenhuma definição taxonómica rigorosa. Raunkiaer (1934) considerou as hidrófitas como plantas que têm partes vegetativas submersas ou flutuantes à superfície da água, mas que não emergem para o ar, e que sobrevivem a estações desfavoráveis como rebentos submersos ligados à planta-mãe ou livres no substrato. Den Hartog e Segal (1964) definiram as plantas aquáticas como plantas que são capazes de realizar o seu ciclo generativo com todas as partes vegetativas submersas ou suportadas pela água (folhas flutuantes), ou que ocorrem normalmente submersas mas que são induzidas a reproduzir-se sexualmente quando as partes vegetativas estão a morrer devido à emersão. No entanto, esta definição exclui vários grupos de plantas que têm sido consideradas como macrófitas aquáticas na literatura. Por conseguinte, a definição de macrófita aquática é mais ampla e está de acordo com a de Spence (1967), que considera como plantas aquáticas os tipos de plantas cujas partes subterrâneas estão, pelo menos, permanentemente submersas. Além disso, é necessário distinguir duas categorias de plantas entre as macrófitas aquáticas: (1) as hidrófitas, cujas partes vegetativas estão totalmente submersas ou à superfície da água, e (2) as helófitas, cujas partes vegetativas estão parcialmente emergidas, enquanto as suas partes subterrâneas estão permanentemente submersas. Este conceito de macrófitas aquáticas já foi utilizado por muitos autores (e.g. Batanouny e El-Fiky, 1984; Khedr, 1989; Serag, 1991; Zahran e Willis, 1992). As hidrófitas são então definidas como plantas aquáticas com gemas perenes abaixo da superfície da água, e as helófitas como plantas de sapal com gemas perenes à superfície do solo ou imediatamente acima dela.

Hess e Hall (1945) classificaram os hidrófitos herbáceos em hidrófitos de terra húmida e hidrófitos aquáticos. Os tipos de terra húmida crescem em solos saturados com água durante a maior parte da estação de crescimento, por exemplo, *Echinochloa crus-galli.* Por outro lado, os tipos aquáticos ocorrem geralmente em solos cobertos de água durante a maior parte da estação de crescimento, subdividindo-se em

a- Hidrófitos emergentes, por exemplo *Cyperus articulatus, Phragmites australis, Typha domingensis,* etc.

b- Hidrófitas flutuantes, por exemplo, *Lemna gibba, Pistia stratiotes, Eichhornia crassipes,* etc.

c- Hidrófitos submersos, por *exemplo Ceratophyllum demersum, Najas armata, Myriophyllum spicatum,* etc.

Nos países chuvosos, a agricultura depende principalmente da precipitação e os rios raramente são utilizados para irrigar as culturas. Nos países desérticos (áridos), como o Egito, a precipitação é insignificante e não fornece água suficiente para satisfazer as necessidades agrícolas. No Egito, o rio Nilo é a principal fonte de água doce: "O Egito é uma dádiva do Nilo". O Nilo fornece ao Egito uma terra muito fértil e produtiva, tanto ao longo do Vale do Nilo como na sub-região do Delta do Nilo (Serag, 1991). A construção de barragens e diques no rio Nilo causou grandes alterações ambientais, incluindo a destruição de muitos habitats naturais e a formação de habitats artificiais, como campos cultivados no rio (Khedr, 1998). A vegetação ao longo das margens do Delta do Nilo é caracterizada por uma série de habitats fisicamente distintos e dinâmicos, próximos uns dos outros. O braço de Damietta recebe uma grande quantidade de efluentes, na sua maioria águas residuais agrícolas domésticas não tratadas e águas residuais industriais parcialmente tratadas (Zyadah, 1996).

A vegetação aquática no Egito está completamente submersa (por exemplo, *Ceratophyllum demersum, Myriophyllum spicatum, Potamogeton pectinatus, Potamogeton crispus,* etc.), livremente flutuante (por exemplo, *Eichhornia crassipes, Pistia stratiotes, Lemna gibba,* etc.) ou as suas raízes podem penetrar no solo no fundo. Algumas destas plantas com raízes no fundo têm folhas flutuantes *(por exemplo, Nymphaea lotus* e *Potamogeton nodosus*). Estas formas de vida foram reconhecidas como grupos de vegetação bem definidos em diferentes partes do Egito (Shaltout *et al.,* 1995; Serag e Khedr, 1996; Ali *et al.,* 1995; Khedr e El- Demerdash, 1997; Khedr, 1998; El-Amier, 2005).

Ceratophyllum demersum é uma das plantas aquáticas mais difundidas no Egito. Esta planta cresce numa grande variedade de massas de água, por exemplo, drenos, canais, os principais braços do Nilo e lagos a norte do Delta do Nilo (El-Fiky, 1974; Abo El-Lil, 1987). *Myriophyllum spicatum* foi registada como espécie rara no Alto Egito (Tackholm, 1974). Atualmente, está disseminada no delta do Nilo e nos lagos do norte, causando graves problemas à irrigação e à navegação (Fayed, 1985; El-Khouly, 1989; Khedr e El-Demerdash, 1997; Khedr e Zahran, 1999). *A Pistia stratiotes* (alface-de-água) tem uma distribuição limitada na secção nordeste (Farskour, província de Damietta) do Delta do Nilo (Simpson, 1932; Tackholm, 1974; Zahran e Willis, 1992). Há alguns anos, foi registada perto de Embaba, Giza (El-Hadidi e Fayed, 1995). *Eichhornia* crassipes (jacinto de água) é, na verdade, a praga de plantas aquáticas mais grave em todo o mundo, incluindo no Egito. (EUA: Martin e Nailon, 1977; Guerra, 1976, Egito: Kassas, 1972 e Moursi, 1976, e muitos outros países).

Phragmites australis e *Typha domingensis* são os hidrófitos emergentes mais importantes no Egito (Simpson, 1932; Hassib, 1951: El-Fiky, 1974; Khedr, 1989 & 1997; Springuel, 1990; Springuel e Murphy, 1990 e Zahran *et al.*, 1989). Estes dois juncos têm uma grande variedade de habitats e amplitudes ecológicas onde crescem em massas de água doce e salobra formando uma vegetação densa.

O tamanho da massa de água é geralmente decisivo para o tipo de vegetação que se pode desenvolver. A vegetação de Lemnaceae, por exemplo, desenvolve-se em pequenos charcos e valas. A vegetação flutuante de maiores dimensões, como a *Eichhornia crassipes* e *a Pistia stratiotes*, é capaz de se expandir sobre grandes superfícies de água, sufocando os principais canais, drenos, o rio Nilo e lagos de água doce (Khedr, 1999).

Os hidrófitos na sub-região do Delta do Nilo, no Egito, têm sido objeto de muitos estudos florísticos e ecológicos durante vários anos, por exemplo, Simpson (1932), Hassib (1951), El-Fiky (1974), Abu Ziada (1987), Serag (1991), Shaltout e El-Sheikh (1993), Zaharn *et al,* (1994), Serag e Khedr (1996), Khedr e El- Demerdash (1997), Khedr e Serag (1998), Zaharn *et al.* (1998), El-Hennawy (1999), Serag *et al.* (1999), Serag (2000), Mashaly *et al.* (2003), etc.

Do ponto de vista ecológico, o estudo da vegetação dos ecossistemas aquáticos e, em particular, dos ecossistemas de irrigação e das margens dos canais, tem merecido a atenção de muitos autores no Egito. Por exemplo, Hejny e Kosinova (1977) estudaram os principais tipos de habitats e comunidades vegetais de ervas daninhas nos jardins relvados irrigados, ruas, margens de canais, etc. Abo-Ellil (1987) estudou a ecologia das hidrófitas nos distritos de Dakahlia e Damietta. Shaltout e Sharaf El-Din (1988) deram mais informações sobre a vegetação e as comunidades de ervas daninhas de pequenos canais e drenos ao longo da estrada agrícola Cairo-Alexandria. El-Sheikh (1989) estudou a estrutura da vegetação e a composição florística de canais e drenos no Delta médio.

Edress (1990) estudou a vegetação e a ecologia de canais e drenos na região do Delta do Nilo. A ecologia e o controlo de ervas daninhas nos principais habitats dos braços do rio Nilo (Damietta e Rosetta), drenos de irrigação e canais foram estudados por Serag (1991). Além disso, Zahran e Willis (1992 e 2003) apresentaram um relatório completo sobre a flora aquática do rio Nilo no Egito. Abd El-Fattah *et al.* (1992) estudaram a ecologia e a fitossociologia dos terrenos baldios na área de Zagazig. A análise da vegetação e a diversidade de espécies dos canais e drenos do Delta do Nilo foram estudadas por Shaltout e El-Sheikh (1993). Além disso, a ecologia e a riqueza da vegetação ao longo dos canais e drenos no Delta do Nilo foram avaliadas por Shaltout *et al.* (1994) e Zahran *et al.* (1995). Abd El-Fattah *et al.* (1995) estudaram a ecologia e a fitossociologia dos habitats aquáticos no Baixo Egito. Khedr e El-Demerdash (1997) estudaram a relação entre a composição da comunidade de macrófitas aquáticas e a sua distribuição no Delta do Nilo. Por outro lado, a vegetação costeira do canal El-Salam (Egito) foi estudada por Serag e

Khedr (1996). Al-Sodany (1998) estudou a análise da vegetação de canais de irrigação, drenos e lagos da parte norte da região do Delta do Nilo. Khedr (1998) estudou o padrão de zonação da vegetação e a gestão ao longo dos pântanos salinos e de água doce no estuário de Damietta do rio Nilo. El-Hennawy (1999) estudou a ecologia das plantas aquáticas nas províncias de Dakahlia e Damietta. Além disso, Shaltout *et al.* (1999) avaliaram a diversidade de espécies dos habitats ruderais no Delta do Nilo.

A análise dos tipos de vegetação dos canais e drenos na província de Damietta foi estudada por Mashaly *et al.* (2001). Além disso, Mashaly *et al.* (2003) avaliaram a ecologia da comunidade de *Eichhornia crassipes* em relação aos factores ambientais no rio Nilo, no Egito. A ecologia e a composição da vegetação do rio Nilo (braço de Damietta) nas províncias de El-Dakahlia e Damietta foram apresentadas por El-Khiary (2005). Shaltout *et al.* (2005a) identificaram e analisaram as comunidades vegetais dos diferentes habitats no sul do Delta do Nilo e avaliaram o grau de correlação entre a vegetação e as variáveis ambientais. Mashaly *et al.* (2010) estudaram as caraterísticas florísticas dos habitats das margens do canal, no Egito. Hegazy (2012) apresentou um estudo comparativo de diferentes estações de tratamento de água na província de Damietta, Egito. El-Kasheif *et al.* (2013) estudaram alguns caracteres reprodutivos de espécies de *tilápia* no braço de Damietta do rio Nilo, Egito.

Outros estudos publicados estão relacionados com as caraterísticas físico-químicas do rio Nilo. Shaaban-Dessouki *et al.* (1993) e Abdo (2004) estudaram as caraterísticas físicas e químicas da água do rio Nilo no braço de Damietta. Elewa e Gohar (1999) estudaram a distribuição de alguns metais pesados neste braço. Além disso, estudos sobre a qualidade microbiana das águas do rio Nilo foram registados por El-Mongy, (1978); Haeikal (1994); Abu-Shady *et al.* (1996); Rabeh (2000); El-Fadaly *et al.* (2001); Sabae (2004), Sabae *et al.* (2006), Sabae e Rabeh (2007). Ezzat e Elkorashey (2012) estudaram a qualidade da água da drenagem de Omar Bek e o seu impacto no braço de Damietta, rio Nilo-Egito. Elkhatat *et al.* (2013) estudaram os impactos das barragens nas propriedades químicas e isotópicas do braço de Damietta do rio Nilo. El-Amier *et al.* (2015) efectuaram a avaliação das caraterísticas físico-químicas da água e dos sedimentos no ramo Rosetta, Egito.

No entanto, tanto quanto é do conhecimento do estudante, não foram publicados estudos destinados a descrever até que ponto os graves impactos das águas residuais normalmente drenadas para o rio Nilo e para os seus braços Damietta e Rosetta afectam os seus tipos de vegetação. É bem sabido que o rio Nilo está a receber grandes quantidades de diferentes tipos de águas residuais, por exemplo, municipais, agrícolas, industriais, etc. Definitivamente, estes poluentes estão a causar perturbações no equilíbrio ambiental do rio Nilo, particularmente nas propriedades da sua água doce, bem como na sua vegetação aquática natural. Assim, é necessário efetuar análises ecológicas e químicas intensivas ao longo de todo o curso do rio Nilo e dos seus braços. A presente tese está orientada para o estudo das sucessivas alterações na vida vegetal do braço Damietta desde o seu início nas Barragens do Delta para norte até à sua descarga no Mar Mediterrâneo na cidade costeira de Damietta.

CAPÍTULO 2

Objetivo do livro

O presente estudo visa os seguintes objectivos

1-Determinação dos tipos de águas residuais que normalmente desaguam no Damietta Branch.

2- Mudanças sucessivas da vegetação ao longo do braço de Damietta do rio Nilo.

3- Investigação das caraterísticas florísticas, incluindo a distribuição das espécies de plantas registadas, o período de vida, o espetro de formas de vida e a análise florística da vida vegetal na área de estudo para detetar a afinidade taxonómica e fitogeográfica dos seus elementos corológicos.

4- Análise da vegetação utilizando técnicas multivariadas de classificação e ordenação para reconhecer as comunidades vegetais predominantes na área de estudo.

5- Análise das variações dos factores sedimentares (hidrossolo) e hídricos e verificação do grau de correlação entre estas variáveis para determinar os factores que controlam a distribuição e a abundância das comunidades vegetais na área de estudo.

CAPÍTULO 3

A ÁREA DE ESTUDO

3.1. Localização

O rio Nilo estende-se desde o lago Tanganica na Tanzânia (Lat. 3°) até à costa do mar Mediterrâneo no Egito (Lat. 31°15'N) numa extensão de cerca de 6625 Km. Os outros países africanos da bacia do rio Nilo são: Etiópia , Sudão , Quénia , Uganda , Ruanda , Congo (Kinshasa), África Central e Tchad). Do seu curso total, os 1530 km terminais situam-se no Egito. Depois de entrar no Egito vindo do Sudão, flui no Alto Egito (Vale do Nilo) para norte até ao Delta do Nilo (Baixo Egito). A área total do Alto Egito (Vale do Nilo) é de cerca de 12.000 Km^2 enquanto que o Baixo Egito (Delta do Nilo) tem quase o dobro da área do Alto Egito (cerca de 22.000Km2). O triângulo é mais comprido na base (220 Km de largura) do que nos lados (cerca de 170 Km). Nas barragens do Delta (20 km a norte do Cairo), o rio Nilo divide-se em dois braços. O ramo ocidental é o ramo de Rossetta (242 km de comprimento) e o ramo oriental é o ramo de Damietta, com cerca de 239 km de comprimento. O ramo de Damietta está localizado na área entre 30° 10'12"N e 31° 31'48"N e entre 31° 07'E e 31° 50'E, como mostra a Figura 1 (Zahran e Willis, 1992 e 2003).

A sucursal de Damietta (área de estudo) serve cinco províncias do Delta do Nilo: Damietta, El-Dakahlyia, El-Gharbia, El-Menofyia e El-Qaluobya (Figura 1).

3.2. Geologia

De acordo com Davis (1985), a formação de qualquer delta depende da carga sedimentar do sistema fluvial associado, da natureza dos processos da foz do rio, das forças de magnitude relativa, das marés e das correntes, da geometria da bacia recetora, do regime de descarga e da sua estabilidade tectónica. O Delta do Nilo, sendo uma parte do norte do Egito, foi sujeito aos mesmos eventos geológicos que afectaram toda a região durante a sua história geológica. A formação do Delta do Nilo começou no Plioceno tardio, com o seu principal desenvolvimento no Pleistoceno e no Holoceno, associado à progradação de grandes volumes de areias costeiras do Delta e à acumulação de turbidez ao largo da costa (cone do Nilo). Rizzini *et al.* (1978) propuseram três ciclos de sedimentação na secção deltaica que podem ser resumidos da seguinte forma

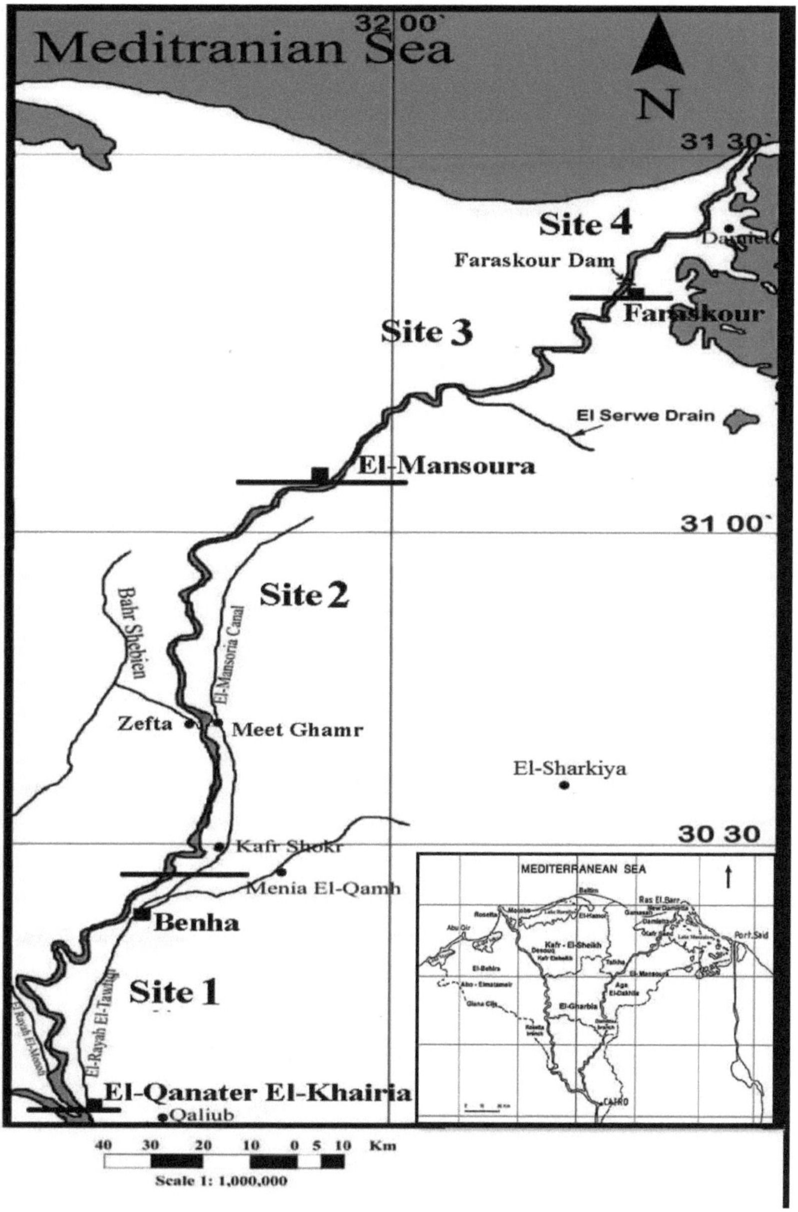

Figura (1). Mapa do Ramo Damettia mostrando os diferentes locais da área de estudo.

Abreviaturas:

Sítios ecológicos	1= El-Qanater El-Khayria - Benha	2= Benha - El-Mansoura
	3= El-Mansoura - Farskour	4 = Farskour - Ras El-Bar

1- O ciclo Miocénico que inclui os sedimentos de Sidi Salim, Formações Qawasina e Roseta.

2- O ciclo Plio-Pleistocénico que inclui os sedimentos de Abu-Madi, Formações de Kafr El-Sheikh, El-Wastani e Mit Ghamer.

3- O ciclo Holocénico que inclui os sedimentos da Formação Bilqas.

3.3. Geomorfologia

O Delta do Nilo difere dos outros deltas por ter uma superfície próxima do nível do mar, sobre a qual corre um sistema inconstante de distribuidores. A superfície do Delta no sul é relativamente lisa se comparada com a sua superfície no norte (Abu-Al-Izz, 1971). Sestini (1976) referiu que a secção deltaica do Mediterrâneo compreende duas componentes geomorfológicas principais (costeira e deltaica). A morfologia costeira inclui faixas litorais, acreção antiga, planícies retro-litorais e dunas costeiras. A morfologia deltaica, no entanto, é caracterizada por três lagos salobros pouco profundos que ocupam a parte norte do Delta. São eles o lago Manzala (a leste), o lago Burullos (a meio) e o lago Idku (a oeste). Estes lagos estão ligados ao Mar Mediterrâneo através de emissários. Muitas zonas em torno destes lagos estão cobertas de água de forma mais ou menos permanente, devido às inundações dos lagos e dos canais de irrigação. Consequentemente, algumas zonas podem desenvolver pântanos salgados, enquanto outras podem desenvolver pântanos de juncos.

3.4. Clima

De acordo com o mapa da distribuição mundial das regiões áridas (UNESCO, 1977), as condições climáticas do Delta do Nilo são semelhantes às da parte norte do Egito, sendo bastante áridas a semiáridas, onde a taxa de evaporação excede muitas vezes a taxa de precipitação. Ayyad *et al.* (1983) afirmaram que a região costeira mediterrânica do Egito pertence à zona climática árida e seca do sistema de classificação de (Koppen, 1931) (tal como citado por Trewartha, 1954), à província mesotérmica de Thornthwaite (1948) e à zona bioclimática mediterrânica de Emberger (1955). A área de estudo situa-se nos desertos costeiros quentes de Meig (Meig, 1973), em que o verão é o mês mais quente, com uma temperatura média inferior a 30°C, e o inverno é o mês mais frio, com uma temperatura média superior a 10°C, através de chuvas ocasionais no inverno, mas a maior parte dos dias são soalheiros e amenos. As médias climáticas (1961-1975) de três estações meteorológicas distribuídas na área de estudo, nomeadamente: Damietta, El-Mansoura e Benha (Normais Climatológicas para a República Árabe do Egito) foram analisadas como se mostra na Tabela (1). As caraterísticas climáticas podem ser resumidas da seguinte forma:

3.4.1. Temperatura do ar

As gamas de variações entre as diferentes estações meteorológicas na área de estudo foram bastante pequenas. A temperatura máxima média do ar variou entre 10,3°C em janeiro em Banha e 35,4°C em julho em El-Mansoura, e a temperatura mínima média do ar variou entre 6,8°C em janeiro em El-Mansoura e 21,4°C em agosto em Damietta. A temperatura média mensal do ar variou entre 12,0°C também em janeiro em El-Mansoura e 27,4°C em agosto em Banha.

3.4.2. Humidade relativa

A presença de numerosas massas de água, como o sistema do rio Nilo, os lagos do norte e o mar Mediterrâneo, bem como a vegetação densa e transpirante, desempenham um papel importante no aumento desta variável climática. A humidade relativa variou entre 51% em maio, em Banha, e 68% em maio, em Damietta.

3.4.3. Precipitação

A estação das chuvas é o inverno, onde a maior parte da precipitação ocorre entre novembro e fevereiro, enquanto o verão é praticamente seco e quente. A precipitação total anual atingiu um valor de 106,7, 53,1 e 23,3 mm em Damietta, El-Mansoura e Banha, respetivamente. É evidente que a precipitação anual diminui de norte para sul (Quadro 1). A principal fonte de água na área de estudo é a água do Nilo (proveniente dos braços de Rosetta e Damietta). A precipitação de inverno e as águas subterrâneas são parcialmente utilizadas na agricultura das províncias estudadas. A água do Mar Mediterrâneo e a água dos lagos do norte são também fontes de água importantes, que desempenham um papel direto e indireto na vegetação da área de estudo.

3.4.4. Evaporação

O valor da evaporação é função da temperatura do ar, da humidade do ar e da velocidade do vento. Ao contrário da precipitação, os valores da evaporação aumentam de norte para sul e atingem o seu máximo durante os meses de verão e o mínimo durante o período de inverno. A evaporação atingiu o valor médio anual mais elevado (5,2 mm/dia) em Banha e o valor mais baixo (3,6 mm/dia) em El-Mansoura.

Tabela 1. Registos climáticos de sete estações meteorológicas na área de estudo (médias climáticas de 15 anos de 1961-1975; Anonomyous, 1975).

Mês	Temperatura (°C)								
	Damieta			EL-Mansoura			Banha		
	Máximo.	Min.	Média	Máximo.	Min.	Média	Máximo.	Min.	Média
Jan.	18.3	8.4	12.8	19.1	6.8	12.0	10.3	7.6	13.4
Fev.	18.6	8.8	13.4	20.6	7.2	13.8	20.6	7.8	14.2
Mar.	20.5	11.1	15.6	23.2	9.3	14.8	23.2	9.6	16.4
abril.	23.1	13.6	18.0	27.2	11.9	18.4	27.5	12.6	20.5
maio	26.6	16.8	20.9	31.0	15.4	22.1	18.6	16.0	23.8
Jun.	29.2	19.8	24.4	33.8	18.5	25.5	33.0	18.9	26.4
Jul.	30.6	21.2	25.4	35.4	20.2	26.1	34.4	20.3	27.3
Ago.	31.0	21.4	25.7	34.4	20.4	26.2	34.0	20.8	27.4

Set.	29.4	20.0	24.3	32.7	18.9	24.6	32.2	19.3	25.8
Out.	27.4	18.4	22.2	30.1	16.9	22.0	30.3	17.0	23.6
Nov.	23.9	15.2	18.1	25.7	13.7	18.2	25.4	13.6	19.5
Dez.	19.8	10.6	14.5	21.1	9.0	13.5	20.8	9.0	14.9
Média anual	24.9	15.4	19.6	27.8	14.0	19.7	27.8	14.4	21.1

Quadro 1. Continua.

Mês	Período 1961 -- 1975								
	Damieta			EL-Mansoura			Banha		
	Humidade relativa (%)	Precipitação (mm)	Evaporação (mm/dia)	Humidade relativa (%)	Precipitação (mm)	Evaporação (mm/dia)	Humidade relativa (%)	Precipitação (mm)	Evaporação (mm/dia)
Jan.	75	25.5	2.8	70	10.4	2.0	72	4.4	3.0
Fev.	72	17.2	3.3	69	7.5	2.6	66	3.3	3.8
Mar.	70	10.7	4.1	64	6.8	3.4	61	2.9	4.9
abril.	69	3.7	4.6	57	3.2	4.2	57	1.4	6.4
maio	68	1.9	5.1	53	4.1	5.3	51	1.3	7.9
Jun.	70	0.1	5.4	55	0.6	5.5	52	0.1	8.4
Jul.	70	Tr.	4.9	66	Tr.	4.7	64	0.0	7.5
Ago.	76	Tr.	4.6	68	Tr.	4.1	68	0.0	5.3
Set.	75	0.5	4.4	67	0.1	3.8	67	Tr.	5.1
Out.	74	7.1	4.2	65	4.1	3.6	67	1.4	4.5
Nov.	75	15.4	3.5	71	6.1	2.6	74	3.5	3.4
Dez.	74	24.6	2.8	70	10.2	2.1	73	5.0	2.9
Média anual	72	106.7	4.1	64	53.1	3.6	64	23.3	5.2

CAPÍTULO 4

MATERIAIS E MÉTODOS

4.1. Seleção de povoamentos e estimativa da abundância de espécies

O presente estudo é representado por 60 povoamentos em quatro sítios: sítio 1 de El-Qanater El-Khayria a Benha (15 povoamentos), sítio 2 de Benha a El-Mansoura (20 povoamentos), sítio 3 de El-Mansoura a Farskour (15 povoamentos) e sítio 4 de Farskour a Ras El-Bar (10 povoamentos). Os povoamentos foram distribuídos na área de estudo de modo a cobrir diferentes sítios do ramo de Damietta e a assegurar a amostragem de uma vasta gama de variações vegetacionais. Em cada povoamento, todas as espécies de plantas foram registadas em cinco parcelas ($25m^2$ cada) e a abundância de espécies (frequência) foi estimada num povoamento de amostragem de acordo com Westhoff e Van der Maarel (1973) e Muller-Dombios e Ellenberg (1974). O número total de povoamentos amostrados foi de 60 (300 parcelas) e a distribuição destes povoamentos na área de estudo foi a seguinte:

Quadro (2). Número e distribuição dos povoamentos amostrados nos diferentes sítios do ramo de Damietta.

Governadorado	**Sucursal de Damietta**				**Total**
	Sítio 1	**Sítio 2**	**Sítio 3**	**Sítio 4**	
Damieta	-	-	5	10	**15**
El-Dkahlyia	-	8	10	-	**18**
El-Gharbia	-	7	-	-	**7**
El-Menofilia	5	2	-	-	**7**
El-Qaluobya	10	3	-	-	**13**
Total	15	20	15	10	**60**

Durante cada visita, foram recolhidos espécimes de plantas dos diferentes locais para identificação. Todas as amostras foram guardadas no Herbário do Departamento de Botânica, Faculdade de Ciências, Universidade de Mansoura. A descrição e classificação das formas de vida no presente estudo foram efectuadas de acordo com Raunkiaer (1934 & 1937). A classificação, identificação e categorias florísticas foram feitas de acordo com Tutin *et al.* (1964-1980), Davis(1965 -1985), Zohary (1966 & 1972), Tackholm (1974), Meikle (1977 & 1985), Feinbrun-Dothan (1978 & 1986) atualizado por Boulos (1995-2005).

4.2. Análise do solo

4.2.1. Procedimento de amostragem do hidrossolo

As amostras de sedimentos foram recolhidas nos povoamentos que representam os sítios do ramo de Damietta. Todas as amostras foram transportadas para o laboratório em sacos de plástico, pouco depois da recolha. As amostras foram espalhadas sobre folhas de papel, secas ao ar, bem misturadas, passadas por um peneiro de 2 mm para remover cascalho e detritos, e depois embaladas em sacos de plástico prontos para análises físicas e químicas.

4.2.2. Propriedades físicas

4.2.2.1. Textura do solo

A textura das amostras de solo hidromórfico foi determinada pelo método do hidrómetro. Uma suspensão de solo bem dispersa é transferida para um cilindro de sedimentação. As leituras do hidrómetro após 5 minutos e 5 horas correspondem às percentagens de (silte + argila) e argila, respetivamente, conforme descrito por Piper (1947).

4.2.2.2. Capacidade de retenção de água (W.H.C)

Caixa especial de forma retangular (Hilgard pan box) com dimensões internas de 10 cm x 6 cm e altura de 5 cm, feita de zinco e com base perfurada e quatro pés (7 cm de comprimento em cada canto). Esta caixa foi utilizada para a determinação da capacidade de retenção de água das amostras de solo (método modificado de Piper, 1947).

4.2.3. Propriedades químicas

As variáveis químicas estimadas no presente estudo incluem o carbonato de cálcio e o carbono orgânico, que foram estimados utilizando o solo seco ao ar. O pH, a condutividade eléctrica, os carbonatos e bicarbonatos, o cloreto, o sulfato, o fósforo total dissolvido e o azoto total foram determinados no extrato solo/água (1:5). Os catiões extraíveis: sódio, potássio, cálcio, magnésio e metais foram estimados conforme descrito por Allen *et al.* (1974).

4.2.3.1. Carbonato de cálcio

O teor de carbonato de cálcio foi determinado de acordo com Jackson (1962). Pesar 5 g de solo seco ao ar e transferir para um copo alto de 150 ml. Para o solo com mais de 30% de carbonato de cálcio, tomar apenas 2,5 g, adicionar 100 ml de HCl com uma pipeta, cobrir com um vidro de relógio e agitar vigorosamente durante uma hora. Deixar assentar e pipetar 20 ml do líquido em suspensão, transferi-lo para um pequeno erlenmeyer, adicionar 6-8 gotas da solução indicadora (fenolftaleína) e titular com NaOH 1 N. Efetuar uma titulação em branco para obter o valor da titulação do HCl.

4.2.3.2. Carbono orgânico

O carbono orgânico oxidável foi determinado utilizando o método de titulação rápida de Walkely e Black, tal como descrito por Piper (1947).

4.2.3.3. pH do solo

Para determinar a reação do solo (valores de pH) das amostras recolhidas, foi utilizado um analisador digital elétrico de pH (modelo Lutron YK-2001pH meter) com elétrodo de vidro, utilizando uma suspensão de solo 1:5 (Jackson, 1962).

4.2.3.4. Condutividade eléctrica (CE)

A condutividade eléctrica é normalmente utilizada para medir a resistência eléctrica na solução que indica a concentração total de constituintes ionizados na solução. Está intimamente relacionada com a soma dos catiões e dos aniões na suspensão. Por conseguinte, pode ser utilizada para indicar a salinidade nos extractos de solo. A condutividade eléctrica é expressa em pmhos/cm num extrato de solo/água 1:5 (Jackson, 1962). A condutividade eléctrica foi medida utilizando o medidor de condutividade YSI Incorporated Model 33.

4.2.3.5. Cloreto $(Cl)^-$

A estimativa dos cloretos foi efectuada pelo método de titulação utilizando nitrato de prata N/35,5 e solução de cromato de potássio como indicador (Piper, 1947).

4.2.3.6. Sulfato $(SO_4)^{--}$

O teor de sulfato foi calculado gravimetricamente utilizando uma solução de cloreto de bário a 5%. Precipitou-se como sulfato de bário e foi inflamado numa mufla a 700-800 °C (Piper, 1947).

4.2.3.7. Carbonatos e bicarbonatos

Os carbonatos e bicarbonatos foram determinados pelo método de titulação com ácido clorídrico 0,1N. A fenolftaleína e o alaranjado de metilo foram utilizados como indicadores para os carbonatos e bicarbonatos, respetivamente (Pierce *et al.*, 1958).

4.2.3.8. Fósforo total dissolvido (TDP)

O fósforo total dissolvido foi determinado por digestão seguida do método direto do cloreto estanoso (APHA, 1998). Num balão de Kjeldahl de gargalo longo, foram adicionados 4 ml de $H_2 SO_4$ a 50 % e cerca de 0,5 ml de solução de $CuSO_4$ a 50 ml da amostra, tendo a mistura sido evaporada e aquecida até à fumagem. Podem ser adicionadas dez gotas de H_2O_2 (AR) na presença de muita matéria orgânica, bem como a produção de material negro carbonizado. O aquecimento continuaria durante 15 minutos, mesmo após a obtenção de uma solução límpida. Todo o H_2O_2 deve ser removido antes da adição do molibdato, da seguinte forma: 5 ml de água destilada foram adicionados após arrefecimento e depois aquecidos até à fumagem, novamente 20 ml de água destilada foram adicionados após arrefecimento e depois a solução deve ser fervida e finalmente o digerido foi arrefecido e completado até um certo volume. Assim, o polifosfato e algum fósforo orgânico foram hidrolisados por $H_2 SO_4$ para ortofosfato, que pode ser determinado como a técnica previamente descrita de determinação do fósforo reativo dissolvido (D.R.P.).

Determinação do ortofosfato

O fósforo reativo dissolvido (P.R.D.) foi determinado pelo método direto do cloreto estanoso descrito na APHA (1998). Num balão de reação, misturaram-se 1 ml de reagente de molibdato de amónio (molibdato ácido) e 4 gotas de solução de cloreto estanoso com 100 ml de amostra, sob agitação contínua. Após 1 minuto da adição do cloreto estanoso, a absorvância foi medida a 690 nm contra água destilada como branco, utilizando um espetrofotómetro espectrónico modelo (21D). A concentração de D.R.P. das amostras de água foi calculada a partir da curva de calibração.

4.2.3.9. Determinação do azoto total

O azoto total foi determinado no extrato de solo utilizando o método micro-Kjeldahl, de acordo com o método de Allen *et al.* (1986).

-Reagentes e padrões:

1- Cloreto de amónio padrão (100mg /1 NH4-N). Dissolver 0,1910 g de NH_4 Cl seco em água e diluir a 500 ml.

2- Ácido clorídrico M/ 140 (1 ml = 0,1 mg NH4-N). Preparar HCl 0,1 M e padronizar com uma solução 0,05 M de Na_2 CO_3 utilizando azul de bromofenol a 0,1 % como indicador. Após a padronização, diluir exatamente até M/140.

3- Mistura de álcalis. Dissolver com cuidado 500 g de NaOH e 25 g de tiossulfato de sódio em água destilada, arrefecer e diluir até 1 litro.

4- Solução indicadora de ácido bórico. Transferir 20 g de ácido bórico puro (H_3 BO_3) para um copo de 2 litros, adicionar cerca de 900 ml de água, aquecer e agitar até à dissolução do H_3 BO_3 . Arrefecer a solução e adicionar 20 ml de solução indicadora mista preparada dissolvendo 0,099 g de verde de bromocresol e 0,066 g de vermelho de metilo em 100 ml de álcool industrial metilado. Em seguida, adicionar continuamente NaOH 0,1 M até que a solução adquira uma coloração púrpura avermelhada (pH 5,0), diluir para 1 litro e homogeneizar.

- Destilação:

1- Passar o vapor pelo aparelho de Kjeldahl durante 30 minutos. Verificar o branco de vapor, recebendo um destilado de 50 ml em 5 ml de indicador de ácido bórico. Titular com HCl M/140 até à formação de uma cor vermelha/violeta. Este resultado permite estimar o valor do branco do instrumento.

2- Transferir a totalidade da solução da amostra ou uma alíquota (5 ml) para a câmara de reação e adicionar 12 ml de mistura alcalina.

3- Iniciar imediatamente a destilação e recolher 50 ml de destilado num recipiente adequado contendo 5 ml de solução indicadora de ácido bórico.

4- Titular o destilado com HCl M/140 até ao ponto final vermelho/violeta, utilizando uma microbureta.

5- Determinar o branco de reagente fazendo correr um volume conhecido da mistura de digestão da mesma forma que a amostra. A concentração de azoto é calculada do seguinte modo

$$T.\,N.\,(mg/l) = \frac{\text{Titrate (ml) x solution volume (ml)}}{\text{100 x aliquot x sample weight}}$$

4.2.3.10. Estimativa de elementos (análise elementar)

O método de extração dos diferentes elementos foi descrito por Allen *et al.* (1974). 0,1 g de cada solo seco ao ar foi digerido utilizando HNO concentrado₃ e aquecido suavemente até que toda a matéria orgânica desaparecesse e a solução se tornasse bastante clara. As amostras límpidas foram completadas até um volume conhecido com água destilada. O sódio e o potássio foram determinados em todas as amostras por fotómetro de chama (modelo PHF 80 B Biologie Spectrophotometer), enquanto o Ca, o Mg, o Fe, o Mn, o Zn, o Cu, o Cd, o Co, o Ni e o Pb foram estimados por espetrómetro de absorção atómica (A Perkin-Elemer, modelo 2380, EUA). Os elementos foram expressos em mg/kg de solo seco.

4.3. Análise da água

4.3.1. Preparação e análise de amostras

4.3.1.1. Amostras líquidas

Quatro litros de cada amostra foram filtrados através de filtros de fibra de vidro CF/C. O primeiro litro foi descartado e os restantes foram armazenados a 4 °C no escuro para serem utilizados em análises químicas.

Outro litro de cada amostra bruta foi conservado utilizando 1% de solução de Lugol (200 ml de água destilada, 10g de iodo, 200g de iodeto de potássio e 20 ml de ácido acético glacial) (Prescott , 1978) e 4% de formalina para fixar e conservar os taxa de algas, para as análises qualitativas e quantitativas subsequentes.

4.3.2. Medições no terreno

4.3.2.1. Temperatura da água

A temperatura da água foi medida utilizando o medidor YSI modelo 33 S.C.T. e os resultados foram expressos em °C.

4.3.2.2. Condutividade eléctrica

A condutividade foi medida diretamente com um medidor de condutividade (Model Corning, NY 14831 USA) e os resultados foram expressos em ds.m-1.

4.3.2.3. Concentração de iões de hidrogénio (pH)

O valor do pH das águas superficiais foi medido in situ utilizando um analisador digital Electrical-pH meter (modelo Lutron YK-2001pH meter) com elétrodo de vidro previamente ajustado com uma solução padrão tamponada a pH 7.

4.3.3. Propriedades químicas

As amostras de água foram transportadas para o laboratório no mesmo dia da recolha, filtradas, como referido anteriormente, exceto as destinadas às análises de oxigénio dissolvido (OD), oxigénio saturado e carência biológica de oxigénio (CBO). Para as análises químicas foram adoptados os seguintes métodos.

4.3.3.1. Oxigénio dissolvido e saturação de oxigénio

O oxigénio dissolvido e a saturação de oxigénio foram medidos diretamente com um medidor de oxigénio dissolvido (Lutron YK-22 DO meter) e os resultados foram expressos em mg O2 /l e percentagem, respetivamente.

4.3.3.2. Carências biológicas de oxigénio (CBO).

A determinação da CBO foi efectuada utilizando o método convencional de Winkler (APHA, 1998). As amostras de água de superfície foram colocadas em garrafas de vidro especiais de 300 ml, arejando a amostra, incubando durante 5 dias e analisando depois a D.O. A CBO é calculada a partir da diferença entre o DO inicial e o DO final. Dado que o DO inicial é determinado pouco depois da diluição, todo o consumo de oxigénio que ocorre após esta medição é incluído na medição da CBO.

4.3.3.3. Carência química de oxigénio (CQO)

A determinação da CQO foi efectuada utilizando o método do dicromato em refluxo (APHA, 1998). A CQO fornece uma medida do equivalente de oxigénio da parte da matéria orgânica numa amostra que é suscetível de ser oxidada por um oxidante químico forte. O método do dicromato em refluxo foi selecionado para determinação porque tem vantagens sobre outros oxidantes em termos de oxidabilidade, aplicabilidade a uma grande variedade de amostras e facilidade de manipulação. A ebulição de uma mistura de ácidos crómico e sulfúrico destrói a maioria dos tipos de matéria orgânica. Uma amostra é refluxada com quantidades conhecidas de dicromato de potássio e ácido sulfúrico, e o excesso de dicromato é titulado com sulfato de amónio ferroso. A quantidade de matéria orgânica oxidável, medida em equivalente de oxigénio, é proporcional ao dicromato de potássio consumido.

4.3.3.4. Carbonato de cálcio ($CaCO_3$), (Welch, 1948)

Reagentes:

1- Ácido sulfúrico padrão 0,02 N

Diluiu-se 0,6 ml de H2SO4 conc. para um litro.

2- Indicador alaranjado de metilo

Dissolver 0,5 g de alaranjado de metilo de alta qualidade em 1000 ml de água destilada. Este indicador é adequado para pontos de equivalência inferiores a pH 4,6.

Procedimento:

1- Transferir 100 ml da amostra para um Erlenmeyer de 250 ml limpo e seco. Adicionaram-se 2 gotas de alaranjado de metilo.

2- A titulação foi efectuada com H2SO4 (0,02 N) até a cor apresentar a primeira alteração, sendo o ponto final considerado como um laranja ténue. O procedimento foi efectuado duas vezes para cada amostra.

Cálculo:

Total alkalinity (mg $CaCO_3$)

$$= \frac{\text{Normality of acid} \times \text{volume of acid used} \times 50 \times 1000}{\text{ml used of sample}}$$

4.3.3.5. Cloretos (CT)

O teor de cloreto foi determinado pelo método de Mohar, tal como descrito na Associação Americana de Saúde Pública (APHA, 1998). A estimativa dos cloretos baseou-se na formação de um sal de prata quase insolúvel. Foi efectuada pelo método de titulação utilizando nitrato de prata N/35,5 e solução de cromato de potássio como indicador. O aparecimento de um precipitado castanho-avermelhado de $Ag_2 CrO_4$ indica o ponto final da reação.

4.3.3.6. Sulfatos $(SO_4)^{--}$

O teor de sulfatos foi calculado gravimetricamente utilizando uma solução de cloreto de bário a 5%, de acordo com Jackson (1962). Os sulfatos foram precipitados como sulfato de bário, a precipitação foi lavada para remover os iões cloreto e incendiada numa mufla a 600° C durante duas horas, arrefecida num exsicador e o peso do resíduo é o peso do sulfato de bário (Anónimo, 1980).

4.3.3.7. Carbonatos e bicarbonatos

Os carbonatos e bicarbonatos solúveis em água foram determinados de acordo com Baruah e Barthakur (1997) pelo método de titulação acidimétrica, utilizando ácido clorídrico 0,1N na presença de fenolftaleína como indicador para CO_3^{--} (pH > 8,5) e alaranjado de metilo para HCO_3^- (pH<6). A fenolftaleína dá uma cor rosa enquanto o CO_3^{--} permanecer. A cor esvai-se logo que todo o CO_3^{--} seja convertido em HCO_3^-

4.3.3.8. Azoto total (TN)

O azoto total das amostras de água recolhidas foi determinado de acordo com os métodos previamente aplicados na análise do hidrossolo utilizando o micro-Kjeldahl (Allen *et al.*, 1986).

4.3.3.9. Fósforo total dissolvido (TDP)

O fósforo total foi medido em amostras de água não filtrada de acordo com APHA (1998). A amostra de água foi digerida sob pressão, utilizando persulfato de amónio como oxidante forte. Após arrefecimento, a amostra de água foi tratada com hidróxido de sódio para remover o cloro produzido durante o processo de oxidação. Por fim, a amostra de água foi tratada com uma solução acidificada de molibdato de amónio contendo ácido ascórbico e uma pequena quantidade de tartarato de antimonilo e potássio para obter um complexo de cor azul.

4.3.3.10. Catiões extraíveis

De acordo com Allen *et al.* (1974), os catiões extraíveis sódio e potássio foram determinados em todas as amostras por fotómetro de chama (Modelo PHF 80 B Biologie Spectrophotometer), enquanto que o cálcio e o magnésio foram estimados por espetrómetro de absorção atómica (A Perkin-Elmer, Modelo 2380.USA). Estes elementos foram expressos em mg eq/l de água.

4.3.3.11. Metais pesados

A análise dos metais pesados (Ni, Zn, Pb, Cd, Cu, Fe, Cr e Co) seguiu-se à aspiração direta numa chama de ar-acetileno, utilizando um espetrofotómetro de absorção atómica do tipo BUCK Scientific ATOMIC ABSORPTION SPECTROFOTOMETER modelo ACCUSYS 211.

4.4. Análise de plantas

4.4.1. Preparação de amostras de plantas para análise

I Imediatamente após a recolha das amostras de plantas, as partes das plantas de cada amostra foram limpas à mão e lavadas, primeiro com água da torneira e depois com água destilada. As amostras foram secas a 60°C até atingirem um peso seco constante. As amostras secas foram moídas em pó fino e armazenadas num saco de papel bem fechado até às investigações sobre metais.

4.4.2. Análise de metais

O método de extração de diferentes elementos no presente estudo foi descrito por Allen *et al.* (1974). 0,1 g de pó seco foi digerido utilizando ácido nítrico concentrado e peróxido de hidrogénio, durante o qual as temperaturas foram aumentadas para cerca de 95°C até que a evolução do gás nitroso tivesse parado e a digestão se tornasse bastante clara. Os digeridos foram diluídos com água destilada até um volume conhecido. O Fe, o Mn, o Zn, o Cu, o Cd, o Co, o Ni e o Pb foram estimados utilizando um espetrómetro de absorção atómica (A Perkin-Elemer, modelo 2380, EUA). Os elementos foram expressos em mg/kg de peso seco.

4.5. Análise de dados

4.5.1. Análise multivariada

No presente estudo foram aplicadas duas tendências de análise multivariada: a ordenação e a classificação. Ambas as tendências têm os seus méritos para ajudar a compreender os fenómenos vegetacionais e ambientais. Foi desenvolvida uma grande variedade de técnicas que seguem cada uma destas tendências. Estas técnicas foram analisadas em pormenor por Greig-Smith (1964), Crovello (1970), e Sneath e Sokal (1973).

A técnica de classificação aplicada aqui foi a Two-Way Indicator Species Analysis usando a classificação TWINSPAN (Hill, 1979 a & b). Por outro lado, a técnica de ordenação aplicada foi a Detrended Correspondence Analysis (DECORANA). A análise multivariada aqui tentada, visa fornecer uma síntese da vegetação e dos factores ambientais nas massas de água reconhecidas em diferentes distritos da área de estudo. Os valores de importância de 70 espécies vegetais foram utilizados na análise de 60 povoamentos representados pelo Ramo Damettia.

A análise de espécies indicadoras (TWINSPAN) é um programa em Fortran para TwoWay Indicator

Species Analysis (Hill *et al.*, 1975), no qual as espécies são classificadas assim como os povoamentos. Esta classificação bidirecional permite uma disposição em matriz tabular que se aproxima dos resultados do trabalho de tabela de Braun-Blanquet. A classificação TWINSPAN também constrói uma chave para a classificação da amostra, identificando uma a várias espécies que são particularmente diagnósticas de cada divisão na classificação (Hill, 1979b; Gauch e Whittaker, 1981). A análise de duas vias das espécies indicadoras (TWINSPAN) foi utilizada para a classificação de todo o conjunto de dados (60 povoamentos e 70 espécies) e os grupos de espécies de infestantes aquáticas foram identificados pelas suas espécies indicadoras.

A ordenação Detrended Correspondence Analysis DECORANA foi aplicada no presente estudo como um meio de construção de eixos para obter uma ordenação bidimensional de espécies e povoamentos. Os dados utilizados foram o mesmo conjunto de dados utilizados para a aplicação da classificação TWINSPAN.

As técnicas de ordenação aplicadas foram a Análise de Correspondência Detrended (DCA) e a Análise de Correspondência Canónica (CCA) utilizando CANOCO (ter-Braak, 1986, 1987 & 1988). As relações entre os grupos de vegetação e as variáveis ambientais podem ser indicadas no diagrama de ordenação produzido pela Análise de Correspondência Canónica (CCA-Biplot), no qual os pontos representam as espécies vegetais e as setas representam as variáveis ambientais.

4.5.2. Análise estatística

Para verificar o grau de associação entre os grupos de vegetação e a abundância das espécies individuais, expressa pelos seus valores de importância, por um lado, e as variáveis ambientais, por outro, foram utilizados diferentes tipos de coeficientes de correlação. O coeficiente de correlação linear simples (r) foi calculado para avaliar a relação entre a variação espacial das variáveis edáficas e as medidas de vegetação das espécies vegetais (eixo de ordenação).

As médias e o coeficiente de variação das espécies vegetais foram calculados para os valores importantes das espécies vegetais registadas nos povoamentos que representam os diferentes grupos de vegetação das principais massas de água da área de estudo. Também foram calculadas as médias e os erros padrão para as variáveis do solo nos povoamentos do presente estudo. Todos os tratamentos estatísticos aqui aplicados foram de acordo com Snedecor e Cochran (1968) e Anonymus (1993).

CAPÍTULO 5

RESULTADOS

5.1. Caraterísticas florísticas

5.1.1. Composição Florística e Distribuição da Vida Vegetal.

As espécies de hidrófitas e de margens de canal registadas nos quatro locais estudados da área de estudo são apresentadas no Quadro 3. Como já foi referido, estes sítios são os seguintes: sítio 1 (El-Qanater El-Khayria a Benha), sítio 2 (Benha a El-Mansoura), sítio 3 (El-Mansoura a Farskour) e sítio 4 (Farskour a Ras El-Bar). Todos se situam ao longo do curso do braço de Damietta do rio Nilo. O número total de espécies registadas é de 70. Estas espécies podem ser classificadas ecologicamente em quatro grandes grupos, nomeadamente: a) três hidrófitas submersas, b) seis hidrófitas flutuantes, c) dezasseis espécies emergentes e d) 45 espécies terrestres (Figura 2).

a) Os hidrófitos submersos incluem duas espécies, nomeadamente *Ceratophyllum demersum* e *Myriophyllum spicatum* registadas em três locais do Ramo Damietta, (P =75 %). *Potamogetón perfoliatus* ocorre apenas num local da área de estudo (P =25%).

b) Os seis hidrófitos flutuantes são: *Eichhornia crassipes, Lemna gibba, Lemna minor, Ludwigia stolonifera, Pistia stratiotes* e *Potamogeton nodosus.* Destas hidrófitas, duas espécies foram registadas em três sítios ecológicos com um valor de presença de 75%. Estas espécies são: *Eichhornia crassipes* e *Ludwigia stolonifera. Lemna gibba* foi registada em 2 sítios (P= 50%). Cada uma das outras três hidrófitas flutuantes foi registada apenas num sítio, com um valor de presença de 25%. Estas plantas são *Pistia stratiotes*, *Lemna minor* e *Potamogeton nodosus.*

c) As espécies emergentes são 17 taxa. Destas, uma espécie, nomeadamente *Phragmites australis*, foi registada em todos os sítios ecológicos (P=100%). Onze espécies, nomeadamente *Alternanthera sessilis, Cyperus alopecuroides, Cyperus articulates, Cyperus difformis, Echinochloa stagnina, Persicaria lapathifolia, Persicaria salicifolia, Ranunculus sceleratus, Saccharum spontaneum, Veronica anagallis-aquatica e Typha domingensis* são muito comuns. Cada espécie foi registada em 3 sítios (P=75% cada). Duas espécies, nomeadamente *Cyperus laevigatus* e *Leersia hexandra*, foram registadas em dois sítios ecológicos (P = 50 % cada), enquanto três outras espécies foram registadas em três sítios ecológicos (P = 75 % cada).

Tabela 3. Composição florística dos diferentes sítios ecológicos no braço Damettia do rio Nilo, Egito.

Sítios ecológicos: 1= El-Qanater El-Khayria-Benha, 2= Benha-El-Mansoura, 3= El-Mansoura-Farskour, 4 = Farskour-Ras El-Bar; Duração da vida: Per: Perenes, Ann: Anuais; Forma de vida: Nph: Nanophanerophytes, Ch: Chamaephytes, H: Hemicryptophytes G: Geophytes, H: Helophytes, Hy: Hidrófitas, Th: Terófitos, MMPh: Meso & Megafanerófitos; Corótipo: COSM: Cosmopolita, PAN: Pantropical, PAL: Paleotropical, NEO: Neotropical, ME: Mediterrânico, ER- SR: Euro-Siberiano, SA-SI: Saharo-Sindiano, IR-TR: Irano-Turaniano, S-Z: Sudano-Zambeziano, AUST: Australiano, Cult. & Nat: Cultivada e Naturalizada

Não.	Espécies	Tempo de vida	Forma de vida	Corótipo	Sítios ecológicos				NS	P %
					Sítio 1	Sítio 2	Sítio 3	Sítio 4		
A) Hidrófitas										
1- Hidrófitos submersos										
1	*Ceratophyllum demersum* L.	Por	Hy	COSM	+	+	+	-	3	75
2	*Myriophyllum spicatum* L.	Por	Hei	ME+ER-SR+IR-TR	+	+	+	-	3	75
3	*Potamogeton perfoliatus* L.	Por	Hei	ME+ IR-TR	+	-	-	-	1	25
2- Hidrófitas flutuantes										
1	*Eichhornia crassipes* (C. Mart.) Solms	Por	Hei	NEO	+	+	+	-	3	75
2	*Ludwigia stolonifera* Guill. &Perr.	Por	Ele	S - Z	+	+	+	-	3	75
3	*Lemna gibba* L.	Por	Hei	COSM	-	+	+	-	2	50
4	*Lemna minor* L.	Por	Hei	COSM	-	+	-	-	1	25
5	*Pistia stratiotes* L.	Por	Hy	PAN	-	-	+	-	1	25
6	*Potamogeton nodosus* Poir.	Por	Hei	ME+IR-TR	-	+	-	-	1	25
3- Espécies emergentes										
1	*Phragmites australis* (Cav.) Trin. ex Steud.	Por	G, He	COSM	+	+	+	+	4	100
2	*Alternanthera sessilis* (L.) DC.	Por	Ele	PAN	+	+	+	-	3	75
3	*Cyperus alopecuroides* Rottb.	Por	Ele	PAN	+	+	+	-	3	75
4	*Cyperus articulatus* L.	Por	G, He	PAL	+	+	+	-	3	75
5	*Cyperus difformis* L.	Ana	O	PAL	+	+	+	-	3	75
6	*Cyperus papyrus* L.	Por	G, He	PAL	-	-	+	-	1	25
7	*Echinochloa stagnina* (Retz.) P. Beauv.	Por	G, He	PAL	+	+	+	-	3	75
8	*Persicaria lapathifolia* (L.) Gray	Por	G	PAL	+	+	+	-	3	75
9	*Persicaria salicifolia* (Willd) Assenov	Por	G	PAL	+	+	+	-	3	75
10	*Ranunculus sceleratus* L.	Ana	O	ME+IR-TR+ER-SR	+	+	+	-	3	75
11	*Saccharum spontaneum* L. Mant. Alt	Por	G, He	ME+PAL	+	+	+	-	3	75
12	*Typha domingensis* (Pers.) Poir. ex Steud	Por	Ele	PAN	+	+	+	-	3	75
13	*Verónica anagallis - aquatica* L.	Por	Ele	COSM	+	+	+	-	3	75
14	*Cyperus laevigatus* L.	Por	G, He	PAL	+	-	+	-	2	50
15	*Leersia hexandra* Sw.	Por	Ele	PAN	-	+	+	-	2	50

16	*Panicum repens* L.	Por	G	PAN	-	+	-	-	1	25
17	*Persicaria lanigera* (R. Br.) Soj ak	Por	G	PAL	-	-	+	-	1	25
B) Espécies terrestres										
1	*Alhagi graecorum* Boiss.	Por	H	ME+SA-SI	+	+	+	+	4	100
2	*Cynanchum acutum* L.	Por	H	ME+IR-TR	+	+	+	+	4	100
3	*Cynodon dactylon* (L.) Pers.	Por	G	COSM	+	+	+	+	4	100
4	*Pluchea dioscoridis* (L.) DC.	Por	Nph	S-Z+SA-SI	+	+	+	+	4	100
5	*Symphyotrichum squamatum* (Spren.) Nesom	Por	Ch	NEO	+	+	+	+	4	100
6	*Amaranthus graecizans* L.	Ana	O	ME+IR-TR	+	+	+	-	3	75
7	*Amaranthus viridis* L.	Ana	O	ME+IR-TR	+	+	+	-	3	75
8	*Arundo donax* L.	Por	Ele, G	Cult.& Nat.	+	+	+	-	3	75
9	*Bassia indica* (Wight) A. J. Scott	Ana	O	S-Z+IR-TR	+	-	+	+	3	75
10	*Bidens pilosa* L.	Ana	O	PAN	+	+	+	-	3	75
11	*Chenopodium album* L.	Ana	O	COSM	+	+	+	-	3	75
12	*Chenopodium murale* L.	Ana	O	COSM	+	+	+	-	3	75
13	*Convolvulus arvensis* L.	Por	H	COSM	+	+	+	-	3	75
14	*Conyza bonariensis* (Willd.) Tackh.	Ana	O	NEO	+	+	+	-	3	75
15	*Cyperus rotundus* L.	Por	G	PAN	+	+	+	-	3	75
16	*Ecliptaprostrata* (L.) L.	Ana	O	NEO	+	+	+	-	3	75
17	*Imperata cylindrica* (L.) Raeusch.	Por	H	PAL	+	+	+	-	3	75
18	*Ipomoea carnea* Jacq.	Por	Ch	Cult. & Nat.	+	+	+	-	3	75
19	*Portulaca oleracea* L.	Ana	O	COSM	+	+	+	-	3	75
20	*Rumex dentatus* L.	Ana	O	ME+IR-TR+SA-SI	+	+	+	-	3	75
21	*Tamarix nilotica* (Ehrenb.) Bunge	Por	Nph	SA-SI+S-Z	+	+	-	+	3	75
22	*Solanum nigrum* L.	Ana	O	COSM	+	+	+	-	3	75
23	*Sonchus oleraceus* L.	Ana	O	COSM	+	+	+	-	3	75
24	*Amaranthus lividus* L.	Ana	O	ME+IR-TR	+	+	-	-	2	50
25	*Echinochloa crus-galli* (L.) P. Beauv.	Ana	O	PAN	-	+	+	-	2	50
26	*Ethulia conyzoides* L.	Ana	O	PAL	+	+	-	-	2	50
27	*Malva parviflora* L.	Ana	O	ME+IR-TR	+	+	-	-	2	50
28	*Phyla nodiflora* (L.) Greene	Por	Ch	PAN	-	+	+	-	2	50
29	*Suaeda pruinosa* Lange	Por	Ch	ME	+	-	-	+	2	50
30	*Arthrocnemum macrostachyum* (Moric.) K. Koch	Por	Ch	ME+SA-SI	-	-	-	+	1	25
31	*Atriplexprostrata* DC. em Lam.	Ana	O	ME+ER-SR+IR-TR	+	-	-	-	1	25
32	*Atriplexportulacoides* L.	Por	Ch	ME+IR-TR+ER-SR	-	-	-	+	1	25
33	*Atriplex semibaccata* R. Br.	Por	H	AUST	-	-	-	+	1	25
34	*Chenopodium ficifolium* Sm.	Ana	O	ME+ER-SR	-	+	-	-	1	25

35	*Datura stramonium* L.	Ana	O	NEO	-	-	+	-	1	25
36	*Halocnemum strobilceum* (Pallas) M. Bieb.	Por	Ch	ME+IR-TR+SA-SI	-	-	-	+	1	25
37	*Heliotropium curassavicum* L.	Por	Ch	NEO	-	-	-	+	1	25
38	*Mesembryanthemum nodiflorum* L.	Ana	O	ME+SA-SI+ER-SR	-	-	-	+	1	25
39	*Oxalis corniculata* L.	Por	H	COSM	-	+	-	-	1	25
40	*Pennisetum setaceum* (Forssk.) chiov.	Por	H	ME+PAL	-	-	+	-	1	25
41	*Phoenix dactylifera* L.	Por	MMPh	Culto.	-	-	-	+	1	25
42	*Ricinus communis* L.	Por	Nph	Cult. & Nat.	-	+	-	-	1	25
43	*Senecio aegyptius* L.	Ana	O	ME+IR-TR+ER-SR	-	+	-	-	1	25
44	*Urtica urens* L.	Ana	O	ME+IR-TR+ER-SR	-	+	-	-	1	25

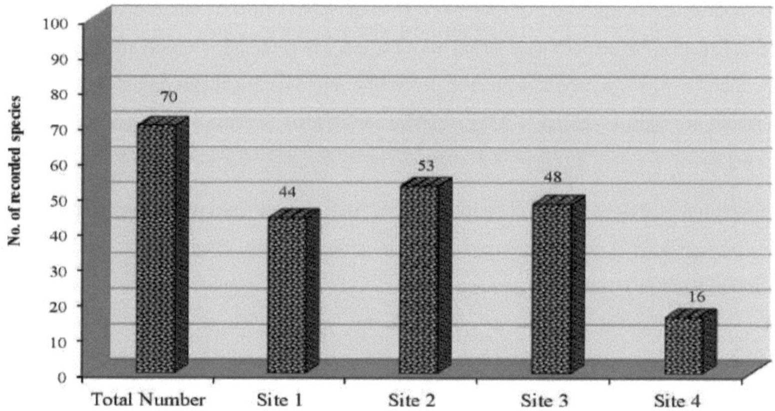

Figura 2. Número de espécies registadas nos diferentes sítios ecológicos no braço de Damietta do rio Nilo, Egito.

Sítios ecológicos: 1= El-Qanater El-Khayria - Benha, 2= Benha - El-Mansoura, 3= El-Mansoura - Farskour, 4 = Farskour - Ras El-Bar

foram registados num único sítio (P = 25% cada), são eles *Cyperus papyrus, Panicum repens* e *Persicaria lanigera.*

d) As espécies terrestres representam a maior parte da flora (44 espécies) na área de estudo. Estas espécies ocorrem quer como flora infestante associada às culturas de campo, quer como plantas das margens dos canais das terras cultivadas. Foram registadas cinco espécies em quatro sítios ecológicos (P =100% cada). São elas *Alhagi graecorum, Cynodon dactylon, Cynanchum acutum, Pluchea dioscoridis* e *Symphyotrichum squamatum.* Dezoito espécies foram registadas em três sítios (P =75% cada). Estas espécies são *Amaranthus viridis, Amaranthus graecizans, Arundo donax, Bassia indica, Bidens pilosa, Chenopodium murale, Chenopodium album, Convolvulus arvensis, Conyza bonariensis, Cyperus rotundus, Eclipta prostrata, Imperata cylindrica, Portulaca oleracea, Ipomoea carnea Rumex dentatus,*

Tamarix nilotica, Solanum nigrum e *Sonchus oleraceus*. Foram registadas seis espécies em dois sítios ecológicos (P =50% cada), nomeadamente *Amaranthus lividus, Echinochloa crusgalli Ethulia conyzoides, Malva parviflora, Phyla nodiflora* e *Suaeda pruinosa*. Quinze espécies foram registadas apenas num sítio (P=25 % cada), sendo estes taxa *Arthrocnemum macrostachyum, Atriplex prostrata, Atriplex portulacoides, Atriplex semibaccata, Chenopodium ficifolium, Datura stramonium, Halocnemum strobilaceum, Heliotropium curassavicum, Mesembryanthemum nodiflorum, Oxalis corniculata, Pennisetum setaceum, Phoenix dactylifera, Ricinus communis, Senecio aegyptius* e *Urtica urens*.

5.1.2. Tempo de vida na área de estudo.

Como mostra a figura (3), as espécies registadas (70) que crescem na área de estudo podem ser classificadas em dois grandes grupos: perenes (46) e anuais (24 espécies). A flora do sítio 1 inclui 46 espécies que podem ser divididas em 28 perenes e 18 anuais. No sítio 3, foram registadas 48 espécies que podem ser classificadas em 32 perenes e 16 anuais. O sítio 2 é considerado floristicamente o tipo de habitat mais rico de todos os sítios ecológicos da área de estudo, uma vez que inclui 53 espécies. Estas espécies são representadas por espécies perenes (33) e espécies anuais (20). No sítio 4, foram registadas 16 espécies (14 perenes e 2 anuais).

Os resultados acima mencionados revelam que a maior parte das espécies registadas no presente estudo é representada principalmente por plantas perenes e parcialmente por plantas anuais. Também é óbvio que o sítio 2 é floristicamente o mais rico de todos os sítios ecológicos, seguido do sítio 3, depois do sítio 1 e finalmente do sítio 4. É também evidente que as plantas terrestres são as espécies mais frequentes nos quatro sítios ecológicos estudados, seguidas das espécies emergentes, depois das hidrófitas flutuantes e finalmente das hidrófitas submersas.

5.1.3. Formas de vida na área de estudo.

As espécies registadas no presente estudo estão agrupadas em cinco tipos de formas de vida: terófitos, criptófitos, hemicriptófitos, caméfitos e fanerófitos. A maioria das plantas são principalmente criptófitas, que incluem geófitas, helófitas e hidrófitas (48,57%) e parcialmente fanerófitas (5,72%). As terófitas atingem um valor de cerca de 34,29%, as hemicriptófitas um valor de 10,0% e as caméfitas um valor de 11,43% do total das espécies registadas (Figura 4).

É evidente que as percentagens dos espectros das formas de vida variam de um sítio ecológico para outro (Figura 4). No sítio 1, as espécies registadas (52) podem ser classificadas nas seguintes formas de vida: criptófitas (48,07%), terófitas (34,61%),

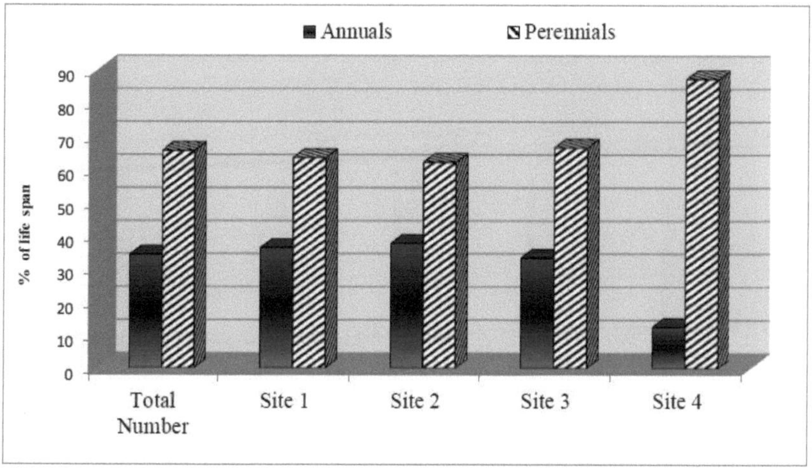

Figura 3. Espectros de duração da vida das plantas nos diferentes locais ecológicos no braço de Damietta do rio Nilo, Egito.

Sítios ecológicos: 1= El-Qanater El-Khayria - Benha, 2= Benha - El-Mansoura, 3= El-Mansoura - Farskour, 4 = Farskour - Ras El-Bar.

chamaephytes (5,77%), hemicryptophytes (7,69%) e nanophanerophytes (3,84%). No sítio 2, as espécies registadas (58) podem ser agrupadas nos cinco tipos de formas de vida seguintes: criptófitas (46,55%), terófitas (34,48%), chamaéfitas e nanofanerófitas (5,17% cada) e hemicriptófitas (8,62%). No sítio 3, as espécies registadas (55) estão classificadas nas seguintes formas de vida: criptófitas (54,54%), terófitas (29,09%), caméfitas (5,45%), nanofanerófitas (1,81%) e hemicriptófitas (9,09%). No sítio 4, as espécies registadas (17) estão agrupadas em: criptófitas (17,64%), terófitas e nanofanerófitas (11,76% cada), chamaéfitas (35,29%), meso e megafanerófitas (5,88%) e hemicriptófitas (17,64%). Vale a pena mencionar que o espetro de formas de vida em todos os sítios ecológicos da área de estudo é representado principalmente por criptófitos e parcialmente por terófitos, chamaéfitos e hemicriptófitos. O grupo das fanerófitas é representado pelos valores mínimos entre todos os sítios ecológicos da área de estudo.

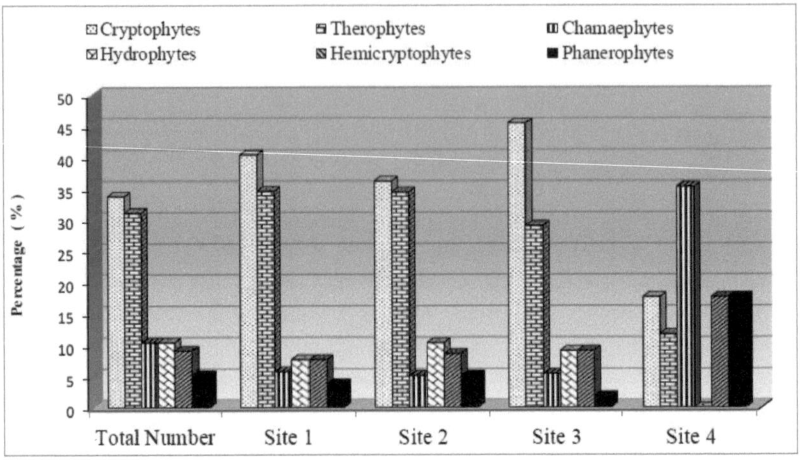

Figura 4. Espectro de formas de vida das plantas nos diferentes locais ecológicos no braço de Damietta do rio Nilo, Egito.

Sítios ecológicos: 1= El-Qanater El-Khayria - Benha, 2= Benha - El-Mansoura, 3= El-Mansoura - Farskour, 4 = Farskour - Ras El-Bar

5.1.4. Análise florística da área de estudo.

O número total de espécies de plantas com flor registadas no presente estudo é de 70, pertencentes a 54 géneros e relacionadas com 30 famílias (Quadro 4). *Chenopodiaceae* e *Gramineae* (10 espécies cada), *Asteraceae* (8 espécies) e *Cyperaceae* (6 espécies) são as principais famílias, representadas coletivamente por 34 espécies ou cerca de 48,57 % do número total de espécies registadas. *Amaranthaceae* e *Polygonaceae* estão representadas por 4 espécies cada. Cada uma das restantes famílias (24) está representada por duas ou uma espécie.

Floristicamente e como mostra o quadro (4), os elementos florísticos mais comuns das *Chenopodiaceae* são pluriregionais e biregionais (3 espécies cada), cosmopolitas (2 espécies), mediterrânicos e australianos (uma espécie cada). Em *Poaceae*, os corótipos são cosmopolita, paleotropical, pantropical e birregional (duas espécies cada), cultivado e naturalizado (uma espécie). Os elementos florísticos de *Asteraceae* são Neotropical (3 espécies), Cosmopolita, Pantropical e Paleotropical, pluriregional e biregional (uma espécie cada). Em *Cyperaceae,* os elementos florísticos são Paleotropicais (4 espécies) e Pantropicais (2 espécies). As famílias com menos de 5 espécies são: Amaranthaceae (uma Pantropical e três biregionais) e Polygonaceae (uma pluriregional e três Paleotropicais).

É de referir que os hidrófitos estão ausentes no local 4, *Potamogetón perfoliatus* está presente apenas no local 1, enquanto *Potamogetón nodosus* está presente apenas no local 2. Por outro lado, *Pistia stratiotes* está presente apenas no sítio 3.

A análise florística da área de estudo, como mostra a Tabela (5), revela que 22 espécies, ou cerca de

31,43% do número total de espécies registadas, são taxa mediterrânicos. Estes taxa são pluriregionais (9 espécies = 12,86%), birregionais (12 espécies = 17,14%) ou monoregionais (uma espécie = 1,43%). Verificou-se também que 39 espécies, ou cerca de 55,71% do número total de espécies registadas, são cosmopolitas (18,57%), paleotropicais e pantropicais (14,29% cada) ou neotropicais (8,57%). As outras categorias florísticas estão mal representadas, sendo cada corótipo representado por um número reduzido de espécies (Quadro 5). Em geral, as percentagens dos elementos Cosmopolita, Pantropical, Paleotropical e Neotropical são obviamente comparáveis em todos os sítios ecológicos da área de estudo. Os elementos mediterrânicos estão muito representados no sítio 2 (14 taxa), seguidos do sítio 1 (12 taxa), do sítio 3 (8 taxa cada) e do sítio 4 (7 taxa).

Tabela 4. Principais famílias da flora do braço de Damietta, rio Nilo - Egito.

Não.	Família	Género	Espécies	COSM	NEO	PAN	PAL	Plurirregional	Biregional	ME	S-Z	AUST	Cuit. & Nat.
1	Chenopodiaceae	6	10	2	-	-	-	3	3	1	-	1	-
2	Poaceae	9	10	2	-	2	2	-	2	-	-	-	1
3	Asteraceae	8	8	1	3	1	1	1	1	-	-	-	-
4	Cyperaceae	1	6	-	-	2	4	-	-	-	-	-	-
5	Amaranthaceae	2	4	-	-	1	-	-	3	-	-	-	-
6	Polygonaceae	2	4	-	-	-	3	1	-	-	-	-	-
7	Convolvuláceas	2	2	1	-	-	-	-	-	-	-	-	1
8	Lemnaceae	1	2	2	-	-	-	-	-	-	-	-	-
9	Potamogetonaceae	1	2	-	-	-	-	-	2	-	-	-	-
10	Solanáceas	2	2	1	1	-	-	-	-	-	-	-	-
11	Aizoaceae	1	1	-	-	-	-	1	-	-	-	-	-
12	Araceae	1	1	-	-	1	-	-	-	-	-	-	-
13	Arecaceae (Palmae)	1	1	-	-	-	-	-	-	-	-	-	1
14	Asclepiadáceas	1	1	-	-	-	-	-	1	-	-	-	-
15	Boragináceas	1	1	-	1	-	-	-	-	-	-	-	-
16	Ceratophyllaceae	1	1	1	-	-	-	-	-	-	-	-	-
17	Euphorbiaceae	1	1	-	-	-	-	-	-	-	-	-	1
18	Haloragaceae	1	1	-	-	-	-	1	-	-	-	-	-
19	Fabáceas	1	1	-	-	-	-	-	1	-	-	-	-
20	Malvaceae	1	1	-	-	-	-	-	1	-	-	-	-
21	Onagraceae	1	1	-	-	-	-	-	-	-	1	-	-
22	Oxalidáceas	1	1	1	-	-	-	-	-	-	-	-	-
23	Pontederiaceae	1	1	-	1	-	-	-	-	-	-	-	-
24	Portulacaceae	1	1	1	-	-	-	-	-	-	-	-	-
25	Ranunculáceas	1	1	-	-	-	-	1	-	-	-	-	-
26	Scrophulariaceae	1	1	1	-	-	-	-	-	-	-	-	-
27	Tamaricáceas	1	1	-	-	-	-	-	1	-	-	-	-

28	Typhacea	1	1	-	-	1	-	-	-	-	-	-	-
29	Urticáceas	1	1	-	-	-	-	1	-	-	-	-	-
30	Verbenáceas	1	1	-	-	1	-	-	-	-	-	-	-
Total		54	70	13	6	10	10	9	15	1	1	1	4
Percentagem				18.57	8.57	14.29	14.29	12.86	21.43	1.43	1.43	1.43	5.71

Tabela 5. Número de espécies e percentagem de várias categorias florísticas dos sítios ecológicos na área de estudo.

Não.	Categoria florística	Área total		Sítios ecológicos							
				Sítio 1		Sítio 2		Sítio 3		Sítio 4	
		Não.	%	Não.	%	Não.	%	Não.	%	Não.	%
1	COSM	13	18.57	10	22.22	13	25.00	11	23.40	2	12.50
2	NEO	6	8.57	4	8.89	4	7.69	5	10.64	2	12.50
3	PAN	10	14.29	5	11.11	9	17.31	9	19.15	-	-
4	PAL	10	14.29	8	17.78	7	13.46	9	19.15	-	-
5	ME+ER-SR+IR-TR	6	8.57	3	6.67	4	7.69	2	4.26	1	6.25
6	ME+IR-TR+SA-SI	2	2.86	1	2.22	1	1.92	1	2.13	1	6.25
7	ME+SA-SI+ER-SR	1	1.43	-	-	-	-	-	-	1	6.25
8	ME+IR-TR	7	10.00	6	13.33	6	11.54	3	6.38	1	6.25
9	ME+SA-SI	2	2.86	1	2.22	1	1.92	1	2.13	2	12.50
10	ME+ER-SR	1	1.43	-	-	1	1.92	-	-	-	-
11	ME+PAL	2	2.86	1	2.22	1	1.92	2	4.26	-	-
12	S-Z+IR-TR	1	1.43	1	2.22	-	-	1	2.13	1	6.25
13	S-Z+SA-SI	2	2.86	2	4.44	2	3.85	1	2.13	2	12.50
14	ME	1	1.43	1	2.22	-	-	-	-	1	6.25
15	S-Z	1	1.43	1	2.22	1	1.92	1	2.13	-	-
16	AUST	1	1.43	-	-	-	-	-	-	1	6.25
17	Cult. & Nat.	4	5.71	1	2.22	2	3.85	1	2.13	1	6.25
Total		70	100	45	31.5	52	36.4	47	32.9	16	11.2

Sítios ecológicos: 1= El-Qanater El-Khayria-Benha, 2= Benha-El-Mansoura, 3= El-Mansoura-Farskour, 4 = Farskour-Ras El-Bar

5.2. Caraterísticas ecológicas

5.2.1. Propriedades do hidrossolo

As variações espaciais das propriedades físicas e químicas dos sedimentos do solo recolhidos nos quatro sítios ecológicos do braço Damietta do rio Nilo são apresentadas nos quadros (6). Estes sítios ecológicos incluem: **a)** El-Qanater El-Khayria - Benha, representado por 15 povoamentos, **b)** Benha - El-Mansoura, representado por 20 povoamentos, **c)** El-Mansoura - Farskour, representado por 15 povoamentos e **d)** Farskour - Ras El-Bar, representado por 10 povoamentos. Estas zonas estão a receber águas poluídas provenientes de diferentes recursos, a saber: agricultura (todas as zonas), indústria (zonas 2 e 3) e esgotos (zona 2).

5.2.1.1. Caraterísticas físicas

As caraterísticas físicas das amostras de solo analisadas incluem a textura do solo e a capacidade de retenção de água.

5.2.1.1.1. Textura do solo

A determinação da textura do solo revela que os solos são geralmente arenosos (médias = 90,63, 87,37, 85,13 e 91,44) com teores muito baixos de silte (médias = 7,90, 10,86, 13,11 e 6,91) e argila (1,47, 1,78, 1,75 e 1,65). A textura dos sedimentos do solo dos sítios ecológicos difere muito e há uma variação notável de um povoamento para outro dentro dos mesmos sítios. Nas amostras de hidrossolo do sítio 1, as percentagens de areia, silte e argila variam entre 83,00 - 97,00 %, 2,00 - 14,00 % e 0,00 - 3,00 %, com valores médios de 90,63 %, 7,90 % e 1,47 %, respetivamente. No local 2, as percentagens da fração de areia variam de 81,00 % a 93,00 %. A fração silte varia de 5,00 % a 16,00 %, enquanto a argila varia de 0,60 % a 3,00 % com valores médios de 87,37 %, 10,86 % e 1,78 %, respetivamente. Por outro lado, as percentagens de areia, silte e argila no local 3 variam de 81,80% a 92,00%, 6,00 % a 17,40 % e 1,00 % a 2,90 % com valores médios de 85,13 %, 13,11 % e 1,75 %, respetivamente. No local 4, a percentagem da fração areia varia de 83,00% a 98,00%, a fração silte varia de 0,50% a 15,50%, enquanto que a argila varia de 1,00% a 3,30% com valores médios de 91,44%, 6,91% e 1,65%, respetivamente.

Tabela 6. Caraterísticas físicas e químicas das amostras de hidrossolo recolhidas em diferentes locais ecológicos no ramo de Damietta do Delta do Nilo, Egito.

Abreviaturas: C.H.A. = Capacidade de retenção de água, C.O. = Carbono orgânico, CE = Condutividade eléctrica, N.T. = Azoto total, P.T. = Fósforo total, SAR = Razão de adsorção de sódio, PAR = Razão de adsorção de potássio

Stand No.	Physical Characteristics				Chemical Characteristics															
	Soil texture (%)			W.H.C. (%)	$CaCO_3$ (%)	Organic carbon (%)	pH	EC µmhos/cm	Cl^- (%)	SO_4^{--} (%)	CO_3^{--} (%)	HCO_3^- (%)	Total phosphorous mg/100 g	Total nitrogen mg/100g	Cations (mg/100 g dry soil)				SAR	PAR
	Sand	Silt	Clay												Na^+	K^+	Ca^{++}	Mg^{++}		
1) Site 1 (El-Qanater El-Khayria – Benha)																				
1	92.5	6.00	1.50	37.80	2.27	0.29	8.20	370.00	0.04	0.02	0.00	0.03	5.29	0.36	25.99	3.12	8.00	3.36	10.91	1.31
2	94.6	4.30	1.10	36.90	2.81	0.22	9.10	760.00	0.07	0.05	0.00	0.07	3.80	0.28	49.45	7.80	16.80	8.40	13.93	2.20
3	90.3	8.20	1.50	33.20	2.14	0.32	7.80	650.00	0.06	0.04	0.00	0.09	5.97	0.41	43.47	5.85	14.20	6.96	13.36	1.80
4	94.0	4.00	2.00	51.62	3.00	0.48	8.56	123.70	0.02	0.11	0.00	0.12	3.06	0.08	78.40	9.30	11.70	14.30	21.74	2.58
5	97.0	2.00	1.00	53.95	0.50	0.84	8.68	105.60	0.01	0.16	0.00	0.18	2.13	0.16	52.00	11.15	16.00	17.00	12.80	2.74
6	96.0	3.00	1.00	47.43	7.00	1.44	8.62	212.00	0.03	0.15	0.00	0.09	2.09	0.19	66.50	15.25	23.00	11.00	16.13	3.70
7	85.0	14.00	1.00	54.36	7.50	1.02	8.51	897.60	0.19	0.42	0.00	0.09	4.13	0.28	86.00	13.20	19.50	19.80	19.40	2.98
8	84.0	14.00	2.00	58.78	6.00	0.60	9.01	115.50	0.01	0.20	0.00	0.12	1.03	0.38	95.00	10.80	12.00	21.00	23.39	2.66
9	96.0	3.00	1.00	46.71	4.00	1.62	8.62	816.00	0.04	0.39	0.00	0.18	1.32	0.26	69.00	19.20	19.00	18.00	16.04	4.46
10	88.0	10.00	2.00	42.34	5.50	1.26	8.28	617.00	0.04	0.25	0.00	0.09	2.97	0.15	20.40	15.40	27.00	21.30	4.15	3.13
11	97.0	3.00	0.00	49.61	2.00	0.48	8.67	156.90	0.01	0.31	0.00	0.09	1.07	0.23	54.00	25.85	23.20	20.00	11.62	5.56
12	89.0	10.00	1.00	56.31	9.00	0.36	8.36	176.00	0.13	0.62	0.00	0.06	1.05	0.17	15.60	17.50	25.40	19.00	3.31	3.71
13	83.0	14.00	3.00	59.54	2.00	0.60	8.92	960.70	0.07	0.40	0.00	0.09	1.30	0.23	34.20	16.20	21.80	21.50	7.35	3.48
14	85.0	13.00	2.00	50.64	7.00	1.02	8.27	390.00	0.07	0.28	0.00	0.12	3.37	0.28	31.97	4.68	30.40	14.16	6.77	0.99
15	88.0	10.00	2.00	69.81	10.50	2.22	7.50	890.00	0.06	1.14	0.00	0.15	1.07	0.07	72.05	7.41	45.60	26.52	12.00	1.23
Mean	**90.63**	**7.90**	**1.47**	**49.93**	**4.75**	**0.85**	**8.47**	**482.73**	**0.06**	**0.10**	**0.00**	**0.30**	**2.64**	**0.24**	**52.94**	**12.18**	**20.91**	**16.15**	**12.86**	**2.84**
± S.E	**±1.29**	**±1.17**	**±0.18**	**±2.50**	**±0.77**	**±0.15**	**±0.11**	**±84.55**	**±0.01**	**0.01 ±**	**±0.00**	**±0.07**	**±0.42**	**±0.03**	**±6.32**	**±1.59**	**±2.38**	**±1.65**	**±1.54**	**±0.32**

2) **Site 2** (Benha – El-Mansoura)																			
16	86.90	11.20	1.90	41.10	1.75	0.28	8.50	170.00	0.02	0.01	0.00	0.02	4.90	0.36	12.19	1.56	13.60	1.44	4.45	0.57
17	93.00	5.00	2.00	48.20	8.00	1.68	8.11	606.00	0.11	0.06	0.00	0.21	1.45	0.14	95.00	30.55	41	54.00	13.78	4.43
18	84.80	14.10	1.10	43.40	1.93	0.30	8.00	420.00	0.04	0.02	0.00	0.03	5.33	0.38	29.44	3.90	9.40	3.60	11.55	1.53
19	92.90	5.40	1.70	35.80	2.28	0.19	8.30	720.00	0.07	0.04	0.00	0.05	3.14	0.25	49.22	7.02	15.00	7.44	14.69	2.10
20	87.10	10.60	2.30	40.90	1.45	0.27	8.70	540.00	0.05	0.03	0.00	0.04	4.00	0.34	37.49	5.07	11.80	4.92	12.97	1.75
21	91.00	8.20	0.80	54.90	1.79	0.34	8.80	160.00	0.01	0.01	0.00	0.01	6.06	0.42	11.04	1.95	3.60	1.32	7.04	1.24
22	85.00	13.00	2.00	61.30	5.50	3.70	8.34	805.90	0.06	0.11	0.00	0.12	1.94	0.24	96.60	31.05	6.24	6.25	38.66	12.42
23	85.20	14.20	0.60	41.50	1.62	0.29	7.90	450.00	0.04	0.02	0.00	0.03	4.94	0.36	31.28	4.68	9.80	3.96	11.93	1.78
24	90.30	7.80	1.90	34.30	3.97	0.14	8.50	940.00	0.09	0.05	0.00	0.06	1.80	0.19	63.71	8.19	20.60	9.60	16.40	2.11
25	88.00	10.00	2.00	69.80	6.50	1.44	8.71	270.00	0.04	0.08	0.00	0.27	1.82	0.09	46.00	4.88	4.49	83	6.95	0.74
26	84.70	12.60	2.70	39.10	3.29	0.26	8.10	300.00	0.03	0.02	0.00	0.03	4.73	0.34	20.24	3.12	7.20	2.64	9.12	1.41
27	86.50	11.00	2.50	39.90	3.16	0.17	8.30	720.00	0.08	0.04	0.00	0.05	2.77	0.24	51.98	7.41	15.00	5.88	16.09	2.29
28	88.00	10.00	2.00	73.40	6.50	0.54	7.80	186.70	0.01	0.30	0.00	0.12	1.48	0.32	16.43	29.63	53.1	9.72	2.93	5.29
29	83.00	15.00	2.00	82.60	5.50	0.66	8.20	310.00	0.02	0.07	0.00	0.09	2.65	0.24	46.50	34.51	44.5	38.7	7.21	5.35
30	91.00	8.00	1.00	57.30	1.50	0.78	8.40	230.20	0.03	0.12	0.00	0.06	1.44	0.36	19.20	34.50	27.6	128	2.18	3.91
31	86.00	13.00	1.00	52.10	4.50	2.10	8.37	241.00	0.03	0.27	0.00	0.06	1.15	0.05	17.00	61.10	103	29	2.09	7.52
32	84.00	14.00	2.00	73.70	9.00	0.66	8.32	217.00	0.03	0.14	0.00	0.09	2.01	0.17	76.00	2.15	58.3	95.3	8.67	0.25
33	92.00	7.00	1.00	65.30	7.50	0.36	8.37	193.40	0.02	0.10	0.00	0.27	2.19	0.28	22.30	42.73	14.82	17.3	5.56	10.66
34	81.00	16.00	3.00	79.30	6.50	0.60	7.84	165.00	0.02	0.26	0.00	0.18	1.70	0.28	15.50	31.38	27.69	69.3	2.23	4.51
35	87.00	11.00	2.00	81.20	8.00	0.24	7.64	318.00	0.01	0.31	0.00	0.24	0.71	0.19	14.30	5.62	20.28	24.3	3.03	1.19
Mean	**87.37**	**10.86**	**1.78**	**55.76**	**4.51**	**0.75**	**8.26**	**398.16**	**0.04**	**0.10**	**0.00**	**0.10**	**2.81**	**0.26**	**38.57**	**17.55**	**25.35**	**29.78**	**9.88**	**3.55**
± S.E	**±0.7 6**	**±0.71**	**±0.15**	**±3.67**	**±0.57**	**0.20 ±**	**±0.07**	**±54.03**	**±0.01**	**±0.02**	**±0.00**	**±0.02**	**±0.36**	**±0.02**	**±5.99**	**±3.92**	**±5.45**	**±8.26**	**±1.86**	**±0.75**
3) **Site 3** (El-Mansoura – Farskour)																				
36	81.80	16.80	1.40	52.20	1.28	0.41	9.10	520.00	0.05	0.02	0.00	0.04	7.63	0.54	37.03	5.07	11.00	4.44	13.33	1.82
37	84.10	13.60	2.30	40.50	1.75	0.36	8.50	960.00	0.10	0.05	0.00	0.07	7.01	0.46	66.01	8.58	20.40	9.72	17.01	2.21
38	80.90	17.40	1.70	49.50	1.19	0.38	8.40	600.00	0.06	0.03	0.00	0.04	7.37	0.47	42.09	6.24	13.00	5.16	13.97	2.07
39	82.60	16.00	1.40	45.80	1.44	0.33	8.80	540.00	0.06	0.03	0.00	0.04	6.56	0.44	37.95	5.46	11.60	4.68	13.30	1.91
40	82.80	14.30	2.90	39.50	2.03	0.32	8.60	180.00	0.02	0.01	0.00	0.01	6.02	0.42	12.65	2.34	3.80	1.44	7.82	1.45
41	84.90	13.40	1.70	42.80	2.14	0.30	8.40	640.00	0.07	0.03	0.00	0.05	5.30	0.37	45.31	5.85	13.80	5.64	14.53	1.88
42	89.50	8.70	1.80	39.50	2.98	0.23	9.00	360.00	0.03	0.02	0.00	0.03	4.04	0.30	24.38	3.51	8.00	3.48	10.18	1.47
43	85.00	14.00	1.00	69.50	3.40	0.84	7.50	256.00	0.04	0.13	0.00	0.24	1.75	0.12	36.80	22.32	24.2	14.8	8.33	5.05
44	83.40	14.50	2.10	45.60	2.09	0.32	8.40	380.00	0.04	0.02	0.00	0.03	6.26	0.43	24.61	3.90	8.60	4.20	9.73	1.54
45	89.00	10.00	1.00	38.97	2.40	1.08	8.68	224.00	0.03	0.15	0.00	0.18	0.95	0.08	160.0	21.15	17.00	21.00	36.71	4.85
46	92.00	6.00	2.00	39.10	1.50	1.68	8.40	203.00	0.02	0.08	0.00	0.15	1.98	0.07	144.0	49.35	12.00	20.00	36.00	12.34
47	87.00	12.00	1.00	54.63	5.00	1.38	7.84	164.70	0.03	0.06	0.00	0.09	1.69	0.19	95.00	30.55	89.00	25.00	12.58	4.05
48	87.00	11.00	2.00	58.69	7.50	1.86	7.60	199.80	0.02	0.11	0.00	0.12	1.80	0.18	122.0	32.90	86.00	25.00	16.38	4.42
49	83.00	15.00	2.00	61.27	2.00	1.02	8.00	323.90	0.03	0.47	0.00	0.09	0.89	0.23	63.00	23.50	26.00	64.00	9.39	3.50
50	84.00	14.00	2.00	63.73	1.80	1.38	7.64	320.00	0.04	0.24	0.00	0.15	1.40	0.11	134.5	59.63	19.60	57.50	21.66	9.60
Mean	**85.13**	**13.11**	**1.75**	**49.42**	**2.57**	**0.79**	**8.32**	**391.43**	**0.04**	**0.09**	**0.00**	**0.10**	**4.04**	**0.29**	**69.69**	**18.69**	**24.27**	**17.74**	**16.06**	**3.88**
± S.E	**±0.81**	**±0.80**	**±0.14**	**±2.61**	**±0.43**	**±0.15**	**±0.13**	**±57.43**	**±0.01**	**±0.02**	**±0.00**	**±0.03**	**±0.68**	**±0.04**	**±12.57**	**±4.63**	**±6.81**	**±4.99**	**±2.33**	**±0.82**
4) **Site 4** (Farskour – Ras El-Bar)																				
51	83.00	15.50	1.50	55.10	3.50	1.86	8.38	1077.00	0.23	0.24	0.00	0.09	1.43	0.08	126.0	30.55	41.00	34.00	20.58	4.99
52	91.00	8.00	1.00	56.20	2.70	0.66	8.20	1265.00	0.1	0.14	0.00	0.27	1.69	0.17	319.0	120.7	15.60	73.00	47.93	18.13
53	90.00	8.00	2.00	62.36	10.00	0.60	7.75	318.00	0.04	0.21	0.00	0.18	1.37	0.17	146.0	39.95	185	30.00	14.08	3.85
54	87.80	8.90	3.30	45.10	3.12	0.35	8.30	4740.00	0.18	0.09	0.00	0.12	6.36	0.43	129.9	15.21	35.00	13.44	26.41	3.09
55	92.30	6.20	1.50	36.40	3.25	0.20	8.10	730.00	0.07	0.05	0.00	0.05	3.51	0.28	49.22	7.02	15.80	7.56	14.40	2.05
56	89.30	9.50	1.20	39.50	2.81	0.25	8.30	1300.00	0.13	0.07	0.00	0.08	2.92	0.33	94.76	10.92	25.60	11.76	21.92	2.53
57	96.00	3.00	1.00	46.36	4.00	1.50	8.10	790.00	0.14	0.31	0.00	0.09	1.39	0.19	193.2	80.13	56.71	48.00	26.70	11.07
58	98.00	0.50	1.50	35.80	2.50	0.54	7.90	197.00	0.03	0.22	0.00	0.15	1.99	0.12	83.25	42.30	110.00	25.00	10.13	5.15
59	90.00	7.50	2.50	32.00	6.00	1.86	8.21	947.00	0.13	0.29	0.00	0.12	1.96	0.15	81.42	53.82	98.30	21.56	10.52	6.95
60	97.00	2.00	1.00	51.89	5.50	2.94	7.16	6020.00	1.50	1.84	0.00	0.09	3.74	0.44	110.4	8.97	10.45	74.50	16.94	1.38
Mean	**91.44**	**6.91**	**1.65**	**46.07**	**4.34**	**1.08**	**8.04**	**1738.40**	**0.26**	**0.12**	**0.00**	**0.35**	**2.63**	**0.24**	**133.32**	**40.96**	**59.35**	**33.88**	**20.96**	**5.92**
± S.E	**±1.45**	**±1.37**	**±0.24**	**±3.21**	**±0.73**	**±0.29**	**±0.12**	**±624.78**	**±0.14**	**±0.02**	**±0.00**	**±0.17**	**±0.50**	**±0.04**	**±24.17**	**±11.50**	**±17.68**	**±7.62**	**±3.53**	**±1.63**

5.2.1.1.2. Capacidade de retenção de água (WHC)

A capacidade de retenção de água das amostras de solo recolhidas no local 1 varia entre 33,20 e 69,81 %, com um valor médio de 49,93 %. Nas amostras de solo recolhidas no local 2, varia de 34,30 a 82,60 %, com um valor médio de 55,76 %. Nas amostras de solo recolhidas no local 3, varia entre 38,97 e 63,73 %, com um valor médio de 49,42 %. Nas amostras de solo recolhidas no local 4, varia de 32,00% a 62,36%, com um valor médio de 46,07%.

5.2.1.2. Caraterísticas químicas

As caraterísticas químicas estimadas das amostras de solo são: teor de carbonato de cálcio, teor de carbono orgânico, valor de pH, condutividade eléctrica, cloretos, sulfatos, carbonatos, bicarbonatos, azoto total, fósforo total, catiões extraíveis (Na^+, K^+, Ca^{++} e Mg^{++}), SAR e PAR.

5.2.1.2.1. Teores de carbonato de cálcio

Os teores de carbonato de cálcio variaram acentuadamente entre as diferentes amostras em todos os sítios ecológicos. As percentagens de carbonato de cálcio variaram entre 0,50 - 10,50 % com um valor médio de 4,75 % no local 1. No sítio 2, variou entre 1,45 % e 9,00 % com um valor médio de 4,51 %, no sítio 3 variou entre 1,19 e 7,50 % com um valor médio de 2,57 %, e no sítio 4 variou entre 2,50 e 10,00 % com um valor médio de 4,34%.

5.2.1.2.2. Teores de carbono orgânico

As percentagens de carbono orgânico variaram entre 0,22 - 2,22 % com um valor médio de 0,85 % no local 1, e entre 0,14 - 3,70 % com um valor médio de 0,75 % no local 2. No local 3, este parâmetro variou entre 0,23 - 1,86 % com um valor médio de 0,79%, enquanto que no local 4 variou entre 0,20 - 2,94 % com um valor médio de 1,08%.

5.2.1.2.3. Valor do pH (reação do solo)

Como se pode ver nos quadros (6), os valores de pH do solo medidos em todas as amostras dos sítios ecológicos mostram que os solos são neutros ou ligeiramente alcalinos em reação, com uma gama estreita de variações entre as amostras. O pH variou entre 7,50 e 9,10 com um valor médio de 8,47 no local 1, entre 7,64 e 8,80 com um valor médio de 8,26 no local 2 e entre 7,50 e 9,10 com um valor médio de 8,32 no local 3. No local 4, o valor do pH variou entre 7,16 e 8,38 com um valor médio de 8,04 (ver Fig. 5).

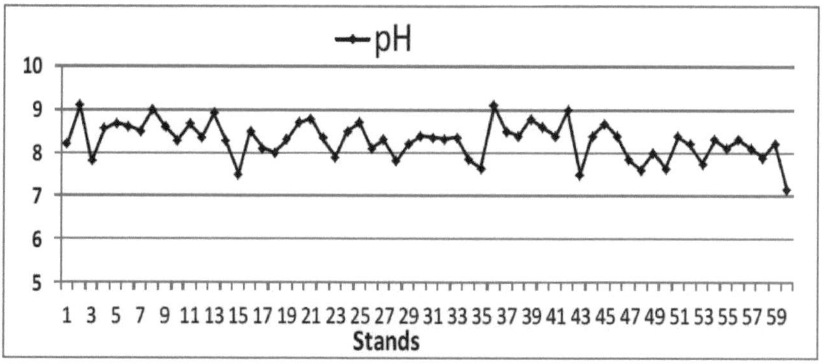

Figura 5. Variações do pH no sedimento do braço de Damietta.

5.2.1.2.4. Condutividade eléctrica (CE)

A salinidade do solo, indicada pela condutividade eléctrica, atinge os seus valores relativamente mais elevados nas amostras do local 4, em comparação com as dos outros locais. Este parâmetro (CE) variou entre 105,60 - 960,70 μmhos/cm com um valor médio de 482,73 μmhos/cm no local 1, no local 2 variou entre 160,00 - 940,00 pmhos/cm com um valor médio de 398,16pmhos/cm e no local 3 a CE variou entre 164.70 µmhos/cm e 960.00 µmhos/cm com um valor médio de 391.43 µmhos/cm, enquanto no local 4, a salinidade do solo variou entre 197.00 µmhos/cm e 6020.00 µmhos/cm com um valor médio de 1738.40pmhos/cm (ver Tabela 6 e Fig. 6).

5.2.1.2.5. Cloreto

O teor de cloreto das amostras de solo atingiu os seus níveis relativamente mais elevados no local 4 do que nos outros locais ecológicos da área de estudo. Variou entre 0,01 - 0,19 % (valor médio = 0,06 %) no local 1, entre 0,01 e 0,11% com um valor médio de 0,04% no local 2, e entre 0,02 e 0,10% com um valor médio de 0,04% no local 3. A percentagem do teor de cloretos variou entre 0,03% e 1,50%, com um valor médio de 0,26% no local 4 (ver Quadro 6 e Figura 7).

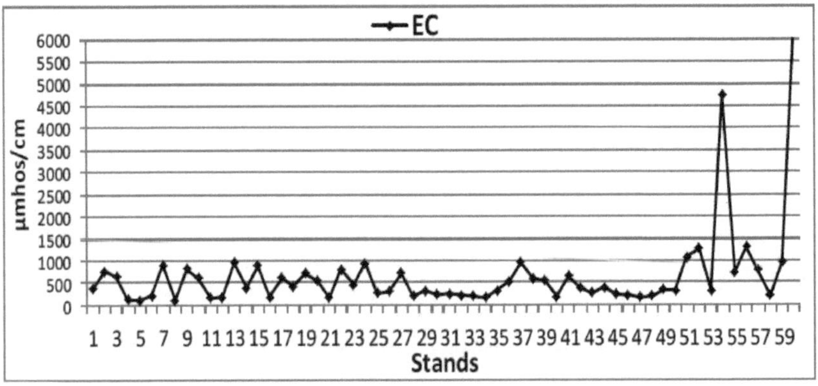

Figura 6. Variações da CE no sedimento do Ramal de Damietta.

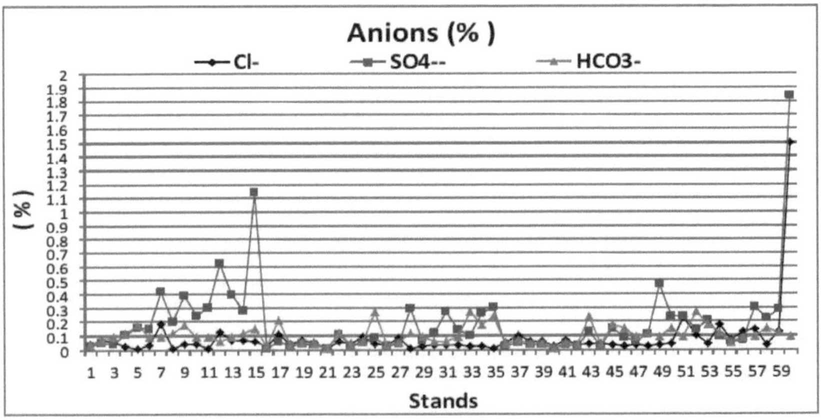

Figura 7 . Variações dos aniões no sedimento do Ramo Damietta.

5.2.I.2.6.Sulfatos

O teor de sulfato das amostras de solo mostrou pouca variação nos diferentes locais ecológicos da área de estudo, uma vez que varia entre 0,02 - 1,14% com um valor médio de 0,10 % no local 1, no local 2, varia entre 0,01 % e 0,31% com um valor médio de 0,10 %, no local 3, varia entre 0,01 % e 0,47 % com um valor médio de 0,09 %. No local 4, a percentagem de sulfato variou entre 0,05 % e 1,84 %, com um valor médio de 0,12 % (ver Quadro 6 e Figura 7).

5.2.1.2.7. Carbonatos e bicarbonatos

Os carbonatos solúveis estão completamente ausentes das amostras de solo dos quatro locais da área de estudo. Por outro lado, os teores de bicarbonato eram muito baixos ou traços. No local 1, variou entre 0,03 % - 0,18 % com um valor médio de 0,30% e no local 2, variou entre 0,01 % - 0,27 % com um valor médio de 0,10 %, no local 3, variou entre 0,01 % - 0,24 % com um valor médio de 0,10 %, e no local 4 variou entre 0,05 % - 0,27 % com um valor médio de 0,35 % (ver Quadro 6 e Fig. 7).

5.2.1.2.8. Azoto total

É óbvio que os teores de azoto total atingiram os valores relativamente mais elevados no local 3, onde variaram entre 0,07 e 0,54 mg/100g de solo seco, com um valor médio de 0,29 mg/100g de solo seco, e entre 0,07 e 0,41 mg/100g de solo seco no local 1, com um valor médio de 0,24 mg/100g de solo seco, entre 0,05 e 0,42 mg/100g de solo seco, com um valor médio de 0,26 mg/100g de solo seco no local 2. A concentração deste parâmetro variou entre 0,08 e 0,44 mg/100g de solo seco, com um valor médio de 0,24 mg/100g de solo seco no local 4 (ver Quadro 6 e Fig. 8).

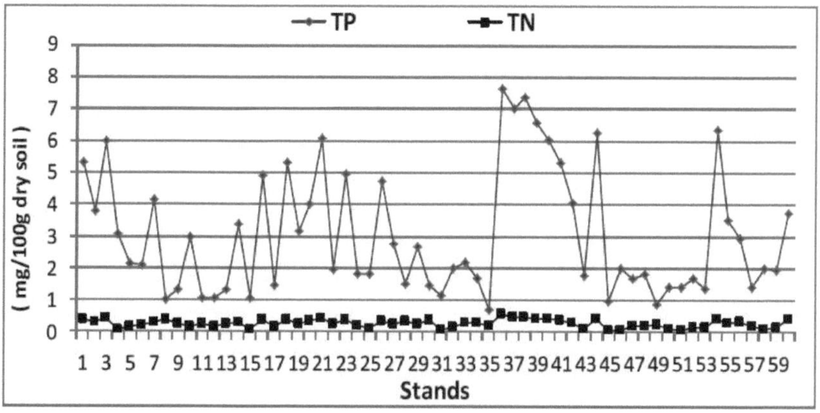

Figura 8. Variações do azoto total e do fósforo no sedimento do Ramo Damietta.

5.2.1.2.9. Fósforo total

É evidente que o elevado teor de fósforo total foi determinado na amostra de solo do local 3. Este variou entre 0,89 e 7,63 mg/100g de solo seco, com um valor médio de 4,04 mg/100g de solo seco, ao passo que variou entre 1,03 e 5,97 mg/100g de solo seco no local 1, com um valor médio de 2,64 mg/100g de solo seco, e entre 0,71 e 6,06 mg/100g de solo seco no local 2, com um valor médio de 2,81 mg/100g de solo seco. O fósforo total no local 4 variou entre 1,37 e 6,36 mg/100g de solo seco, com um valor médio de 2,63 mg/100g de solo seco (ver Quadro 6 e Fig. 8).

5.2.1.2.10. Catiões extraíveis

Estas incluem as concentrações de Na^+, K^+, Ca^{++} e Mg^{++} (mg /100g solo seco) como se segue (Quadro 6 e Fig. 9):

5.2.1.2.10.1 Sódio (Na)$^+$

A concentração do catião sódio é relativamente elevada nas amostras de solo do local 4, onde variou entre 49,22 mg/100g de solo seco e 319,00 mg/100g de solo seco, com um valor médio de 133,32 mg/100g de solo seco. Nas amostras dos outros locais, as concentrações de Na^+ foram as seguintes 15,60 - 95,00 mg/100g de solo seco no local 1 com um valor médio de 52,94 mg /100g de solo seco, de 11,04 - 96,60 mg/100g de solo seco no local 2 com um valor médio de 38,57 mg /100g de solo seco, enquanto que no local 3 variou entre 12,65 mg/100g de solo seco e 160,00 mg/100g de solo seco com um valor médio de 69,69 mg/100g de solo seco.

5.2.1.2.10.2 Potássio (K+)

Os resultados da análise do solo, como mostram as Tabelas (6), indicam que as concentrações do catião potássio foram relativamente elevadas nas amostras do local 4. A concentração variou entre 7,02 mg/100g de solo seco e 120,7 mg/100g de solo seco, com um valor médio de 40,96 mg/100g de solo seco. Por outro lado, variou entre 3,12 - 25,85 mg/100g de solo seco no local 1 com um valor médio de 12,18 mg/100g de solo seco, entre 1,56 - 61,10 mg/100g de solo seco no local 2 com um valor médio de 17,55 mg/100g de solo seco e entre 2,34 - 59,63 mg/100g de solo seco com um valor médio de 18,69 mg/100g de solo seco no local 3.

5.2.1.2.10.3 Cálcio (Ca)$^{++}$

O teor de cálcio apresenta as mesmas tendências que o Na^+ e o K^+, ou seja, geralmente mais elevado no local 4, variando entre 10,45 - 185,00 mg/100g de solo seco com um valor médio de 59,35 mg/100g de solo seco. Nos outros locais, variou entre 8,00 - 45,60 mg/100g de solo seco, com um valor médio de 20,91 mg/100g de solo seco no local 1, entre 3,60 - 103 mg/100g de solo seco, com um valor médio de 25,35 mg/100g de solo seco no local 2 e entre 3,80 mg/100g de solo seco e 89,00 mg/100g de solo seco, com um valor médio de 24,27 mg/100g de solo seco no local 3.

5.2.1.2.10.4 Magnésio (Mg)$^{++}$

As concentrações de magnésio também foram relativamente elevadas nas amostras de solo do local 4. A concentração variou entre 7,56 mg/100g de solo seco e 74,50 mg/100g de solo seco, com um valor médio de 33,88 mg/100 g de solo seco, entre 3,36 - 26,52 mg/100g de solo seco, com um valor médio de 16,15 mg/100g de solo seco no local 1 e entre 1,32 - 128 mg/100g de solo seco, com um valor médio de 29,78 mg/100g de solo seco no local 2. Por outro lado, o teor de catiões magnésio variou entre 1,44 mg/100g de solo seco e 64,00 mg/100g de solo seco, com um valor médio de 17,74 mg/100g de solo seco no local 3.

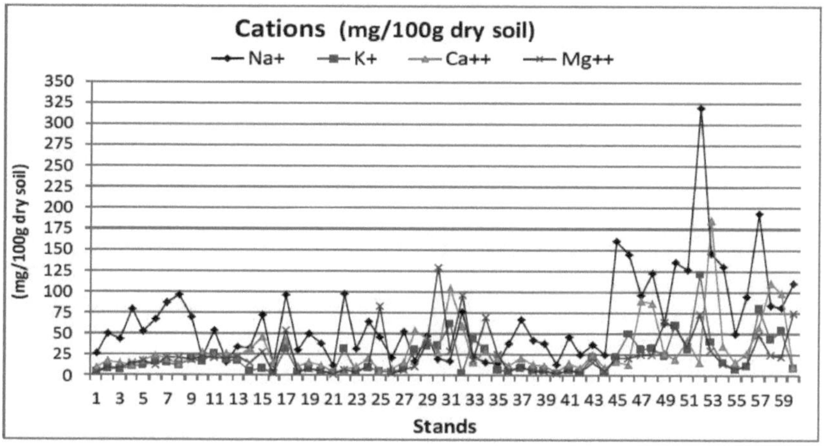

Figura 9. Variações de catiões no sedimento do Ramo Damietta

5.2.1.2.11. Rácio de adsorção de sódio (SAR)

O rácio de adsorção de sódio é relativamente elevado nas amostras do local 4, onde variou entre 10,13 e 47,93, com um valor médio de 20,96. Estes valores diminuíram para 3,31 - 23,39 com um valor médio de 12,86 no local 1, de 2,09 - 38,66 com um valor médio de 9,88 no local 2 e entre 7,82 e 36,71 com um valor médio de 16,06 no local 3.

5.2.1.2.12. Rácio de adsorção de potássio (PAR)

O rácio de adsorção de potássio mostrou a mesma tendência da SAR, variando entre 1,38 - 18,13 com um valor médio de 5,92 nas amostras de solo do local 4, ou seja, relativamente mais elevado do que nos outros locais. No local 1, a PAR variou entre 0,99 e 5,56, com um valor médio de 2,84. No local 2, a PAR variou entre 0,25 e 12,42, com um valor médio de 3,55, enquanto no local 3 variou entre 1,45 e 12,34, com um valor médio de 3,88.

5.2.2. Caraterísticas da água

As caraterísticas químicas estimadas das amostras de água recolhidas a diferentes profundidades do Ramo Damietta são: valor de pH, condutividade eléctrica, oxigénio dissolvido, oxigénio esgotado, CBO, CQO, nitritos, nitratos, amoníaco, fósforo total, cloretos, sulfatos, carbonatos, bicarbonatos, alcalinidade total e catiões extraíveis (Na^+, K^+, Ca^{++} e Mg^{++}). O rácio de adsorção de soduim (SAR) e o rácio de adsorção de potássio (KAR) também foram determinados (Quadro 7).

5.2.2.1. Valor do pH (reação da água)

Os valores de pH da água medidos em todos os locais ecológicos indicaram que a água é, em geral, neutra a ligeiramente alcalina em reação, com uma gama estreita de variações de local para local. No sítio 1, o pH variou entre 7,2 e 8,7, com um valor médio de 7,8; no sítio 2, variou entre 7,1 e 8,3, com um valor médio de 8,0; no sítio 3, variou entre 7,8 e 8,7, com um valor médio de 8,2; no sítio 4, variou entre 7,4 e 7,8, com um valor médio de 7,6 (ver figura 10).

Tabela 7. Profundidades, temperaturas e propriedades químicas das amostras de água recolhidas em diferentes locais ecológicos no braço Damettia do rio Nilo, Egito.

Stand No.	Depth (cm) of Samples	Temp. (°c) of Samples	Chemical properties																				
			pH	EC µmoh/cm	DO_2 mg O_2/l	O_2 %	BOD mg/l	COD mg/l	Cl^- mg/l	SO_4^{--} mg/l	CO_3^{--} mg/l	HCO_3^- mg/l	$CaCO_3$ mg/l	Total nitrogen mg/l	Total phosphorus mg/l	Na^+ mg/l	K^+ mg/l	Ca^{++} mg/l	Mg^{++} mg/l	SAR	PAR
1) Site 1 (El-Qanater El-Khayria – Benha)																							
1	168.8	33.0	8.1	330.0	8.8	22.8	5.0	13.7	778.8	158.4	0.0	469.7	151.0	1.4	0.6	522.1	42.9	128.0	33.6	58.1	4.8
2	185.6	31.0	8.1	330.0	13.8	31.5	4.0	11.0	768.2	206.4	0.0	427.0	149.0	1.6	0.6	519.8	46.8	124.0	36.0	58.1	5.2
3	176.5	29.9	8.0	260.0	8.4	18.3	8.0	22.0	555.8	201.6	0.0	372.1	128.5	1.6	0.8	372.6	42.9	106.0	40.8	43.5	5.0
4	226.3	28.1	8.7	199.6	12.9	28.9	7.0	19.2	634.9	4127.9	0.0	581.2	160.0	1.8	0.7	18.9	5.6	15.8	5.1	5.8	1.7
5	231.0	32.7	7.8	202.3	8.2	24.2	6.0	16.5	434.9	3717.9	0.0	538.5	158.0	1.0	0.5	23.7	3.2	13.1	8.5	7.2	1.0
6	222.5	28.2	7.7	203.7	12.0	28.0	4.0	11.0	334.9	2817.9	0.0	483.6	133.2	0.4	0.5	19.4	4.7	8.2	4.7	7.6	1.9
7	195.0	28.4	7.6	204.6	11.2	27.2	3.0	8.2	534.9	3137.9	0.0	355.1	187.5	0.7	0.7	14.2	7.0	24.6	7.3	3.6	1.8
8	187.6	31.4	7.6	240.5	9.2	25.2	5.0	13.7	434.9	2567.9	0.0	312.4	156.3	0.6	1.3	19.4	4.7	12.9	5.2	6.4	1.6
9	184.0	30.8	7.9	466.1	10.5	26.5	9.0	24.7	834.9	3227.9	0.0	257.5	154.3	1.3	0.9	72.0	6.6	3.4	22.4	20.0	1.8
10	215.3	30.4	8.1	306.2	9.0	25.0	1.0	4.7	634.9	5367.9	0.0	366.6	133.8	0.9	0.9	19.0	5.2	3.4	4.8	9.4	2.6
11	154.0	31.1	7.9	202.6	11.2	27.2	7.0	19.2	534.9	10157.9	0.0	423.9	165.3	1.5	1.1	24.6	4.5	7.3	12.5	7.8	1.4
12	160.0	31.3	7.9	212.1	5.4	21.4	4.0	11.0	434.9	7017.9	0.0	369.0	163.3	0.8	0.7	18.5	6.8	6.4	8.3	6.8	2.5
13	150.0	28.5	8.0	309.1	7.5	23.5	6.0	16.5	634.9	2717.9	0.0	540.0	138.5	1.4	0.7	15.3	14.0	4.4	9.5	5.8	5.3
14	164.0	30.5	7.5	365.5	6.3	22.3	8.0	22.0	3534.9	4727.9	0.0	354.0	192.8	1.4	1.0	70.6	51.6	12.9	22.7	16.7	12.2
15	170.0	27.6	7.2	248.5	8.7	24.7	5.0	13.7	234.9	1247.9	0.0	452.1	161.5	0.5	0.8	84.0	9.5	15.6	18.2	20.4	2.3
Mean	**186.0**	**30.2**	**7.9**	**272.1**	**9.6**	**25.1**	**5.5**	**15.1**	**754.7**	**3426.7**	**0.0**	**420.2**	155.5	**1.1**	**0.8**	**120.9**	**17.1**	**32.4**	**16.0**	**24.6**	**3.5**
± SE	**±6.9**	**±0.4**	**±0.1**	**±20.1**	**±0.6**	**±0.8**	**±0.6**	**±1.4**	**±203.2**	**±697.5**	**±0.0**	**±23.5**	**±4.7**	**±0.1**	**±0.1**	**±48.0**	**±4.7**	**±11.8**	**±3.2**	**±17.5**	**±1.7**
2) Site 2 (Benha – El-Mansoura)																							
16	146.0	29.7	8.1	340.0	9.3	21.2	10.0	27.5	754.0	249.6	0.0	457.5	159.5	0.4	0.7	506.0	54.6	13.0	48.0	53.3	5.8
17	173.0	29.1	8.0	350.0	9.5	19.7	22.0	60.4	743.4	292.8	0.0	481.9	139.0	1.1	0.7	503.7	50.7	14.2	56.4	50.6	5.1
18	159.0	28.3	7.1	370.0	5.3	11.5	15.0	41.2	750.5	364.8	0.0	500.2	170.5	1.6	0.9	533.6	54.6	15.0	58.8	52.2	5.3
19	189.0	27.9	7.8	340.0	9.6	15.5	18.0	49.4	732.8	259.2	0.0	481.9	168.5	0.7	1.1	499.1	50.7	13.8	49.2	51.6	5.2
20	179.8	32.5	8.3	440.0	6.5	16.4	25.0	68.6	1001.8	302.4	0.0	573.4	143.7	1.2	1.2	685.4	54.6	16.6	54.0	65.4	5.2
21	218.5	32.0	8.2	450.0	8.2	21.8	36.0	98.9	987.7	384.0	0.0	555.1	198.0	1.4	0.9	673.9	58.5	16.0	74.4	62.2	5.4
22	225.0	30.2	8.2	460.0	9.8	21.8	28.0	76.9	1026.6	369.6	0.0	567.3	186.9	1.3	0.8	713.0	62.4	17.0	58.8	66.7	5.8
23	208.0	31.2	8.2	440.0	8.6	17.4	14.0	38.4	1019.5	307.2	0.0	536.8	162.1	1.6	1.1	690.0	50.7	15.6	58.8	66.6	4.9
24	196.0	30.6	8.0	440.0	8.7	17.7	15.0	41.2	1016.0	302.4	0.0	549.0	216.4	0.7	0.9	690.0	58.5	16.2	52.8	66.6	5.6
25	185.7	30.2	7.8	470.0	7.0	16.9	30.0	82.4	1023.1	398.4	0.0	597.8	185.2	0.2	0.8	706.1	62.4	17.8	69.6	63.5	5.6
26	200.0	28.9	7.9	490.0	15.0	40.8	35.0	96.1	1005.4	475.2	0.0	652.7	183.2	0.5	0.8	680.8	74.1	19.6	92.4	56.7	6.2
27	178.8	27.3	7.9	480.0	10.4	17.2	28.0	76.9	991.2	475.2	0.0	616.1	162.7	0.4	1.0	671.6	78.0	18.6	90.0	57.2	6.6
28	158.0	29.8	8.1	365.1	8.8	20.4	12.0	33.0	1949.7	8495.3	0.0	1494.1	194.2	1.1	0.8	77.5	5.0	2.1	20.1	23.2	1.5
29	167.5	29.2	8.0	375.1	9.0	18.9	24.0	65.9	1749.7	10635.3	0.0	1603.2	192.2	1.7	0.6	24.5	3.6	2.1	2.5	16.1	2.4
30	126.7	28.4	7.1	395.1	4.8	10.7	26.0	71.4	1649.7	15425.3	0.0	1660.5	167.4	1.3	0.6	30.1	2.9	6.0	10.2	10.5	1.0
31	148.0	28.0	7.8	365.1	9.1	14.7	16.0	43.9	1549.7	12285.3	0.0	1605.6	221.7	0.5	0.8	24.0	5.2	5.1	6.0	10.2	2.2
32	138.5	32.6	8.3	465.1	6.0	15.6	34.0	93.4	1749.7	7985.3	0.0	1776.6	210.6	1.1	1.4	20.8	12.5	3.1	7.2	9.1	5.5
33	150.0	32.1	8.2	475.1	7.7	21.0	38.0	104.3	4649.7	9995.3	0.0	1590.6	185.8	1.4	1.0	76.0	50.0	11.6	20.4	19.0	12.5
34	155.0	30.3	8.2	485.1	9.3	21.0	40.0	109.8	1349.7	6515.3	0.0	1688.7	240.1	0.8	0.7	89.5	7.9	14.3	16.0	23.0	2.0
35	125.5	31.3	8.2	465.1	8.1	16.6	23.0	63.2	1868.8	5517.0	0.0	1694.1	208.8	1.0	0.7	511.5	53.0	13.7	45.7	54.5	5.6
Mean	**171.4**	**30.0**	**8.0**	**423.1**	**8.6**	**18.8**	**24.5**	**67.1**	**1378.4**	**4051.8**	**0.0**	**984.1**	**184.8**	**1.0**	**0.9**	**420.3**	**42.5**	**12.6**	**44.6**	**48.5**	**4.9**
±SE	**±6.5**	**±0.4**	**±0.1**	**±12.0**	**±0.5**	**±1.4**	**±2.0**	**±5.6**	**±194.3**	**±1128.5**	**±0.0**	**±123.6**	**±10.0**	**±0.1**	**±0.0**	**±64.7**	**±5.7**	**±1.3**	**±6.2**	**±19.0**	**±1.7**
3) Site 3 (El-Mansoura – Farskour)																							
36	128.5	28.2	8.0	514.0	7.9	20.7	28.2	3.2	1051.4	499.2	0.0	664.9	206.8	0.1	0.39	731.4	81.9	196.0	87.6	61.4	6.9
37	178.0	28.3	7.9	550.0	8.3	18.1	12.5	30.2	1079.7	614.4	0.0	713.7	186.3	0.7	0.9	768.2	97.5	214.0	100.8	61.2	7.8

38	197.5	29.9	8.4	510.0	9.9	21.9	19.5	47.1	1054.9	528.0	0.0	622.2	217.8	1.3	1.5	726.8	74.1	192.0	94.8	60.7	6.2
39	205.0	30.2	8.4	500.0	9.2	19.7	30.5	73.7	1118.6	427.2	0.0	579.5	215.8	1.6	1.2	768.2	78.0	178.0	68.4	69.2	7.0
40	198.5	31.5	8.1	570.0	9.0	21.5	22.5	54.4	1150.5	585.6	0.0	750.3	191.0	1.1	1.2	779.7	109.2	226.0	108.0	60.3	8.5
41	185.0	32.2	8.6	510.0	8.5	21.0	8.5	20.6	1100.9	456.0	0.0	634.4	245.3	1.2	1.3	738.3	85.8	196.0	82.8	62.5	7.3
42	181.0	34.5	8.7	520.0	7.5	21.5	9.5	23.0	1058.5	504.0	0.0	707.6	234.2	1.0	1.0	715.3	89.7	210.0	97.2	57.7	7.2
43	175.0	33.9	8.4	530.0	8.3	22.9	11.5	27.8	1040.8	556.8	0.0	732.0	209.4	0.7	1.0	713.0	89.7	218.0	105.6	56.1	7.1
44	168.0	33.6	8.2	520.0	8.0	18.3	24.2	4.2	1079.7	513.6	0.0	658.8	263.7	0.0	0.5	733.7	81.9	204.0	93.6	60.1	6.7
45	162.0	30.7	8.0	465.1	8.2	16.9	22.5	39.6	1865.3	5632.2	0.0	1736.8	232.5	0.8	1.8	539.1	53.0	148.7	56.5	53.2	5.2
46	200.0	30.3	7.8	495.1	6.5	16.1	29.5	52.0	1847.6	5526.6	0.0	1718.5	230.5	0.2	0.8	504.6	49.1	136.7	46.9	52.7	5.1
47	151.0	29.0	7.9	515.1	14.5	40.0	22.5	39.6	2116.6	5569.8	0.0	1810.0	210.0	0.6	1.1	690.9	53.0	164.7	51.7	66.4	5.1
48	145.0	27.4	7.9	505.1	9.9	16.4	6.5	11.5	2102.4	5651.4	0.0	1791.7	241.5	1.2	1.9	679.4	56.9	158.7	72.1	63.2	5.3
49	162.0	28.8	8.1	574.5	8.8	18.6	8.8	15.5	2141.4	5637.0	0.0	1803.9	239.5	1.5	0.8	718.5	60.8	168.7	56.5	67.7	5.7
50	150.0	30.4	8.6	534.5	10.4	22.4	16.5	28.9	2134.3	5574.6	0.0	1773.4	214.7	0.9	1.8	695.5	49.1	154.7	56.5	67.7	4.8
Mean	**172.4**	**30.6**	**8.2**	**520.9**	**9.0**	**21.1**	**18.2**	**31.4**	**1462.8**	**2551.8**	**0.0**	**1113.2**	**222.6**	**0.8**	**1.2**	**700.2**	**74.0**	**184.4**	**78.6**	**61.1**	**6.5**
±SE	**±5.9**	**±0.6**	**±0.1**	**±7.3**	**±0.5**	**±1.5**	**±2.1**	**±5.1**	**±126.8**	**±665.0**	**±0.0**	**±144.4**	**±14.1**	**±0.1**	**±0.1**	**±20.2**	**±5.0**	**±7.2**	**±5.5**	**±8.0**	**±2.0**
4) Site 4 (Farskour – Ras El-Bar)																					
51	187.0	22.9	7.6	2940.0	8.8	21.4	15.1	6.5	6354.3	2611.2	0.0	3666.1	183.6	0.1	0.6	4411.4	499.2	1150.0	382.8	159.3	18.0
52	195.5	22.1	7.6	2440.0	7.2	17.1	19.0	5.4	4913.5	2683.2	0.0	3007.3	181.6	0.1	0.6	3615.6	425.1	922.0	357.6	142.9	16.8
53	210.0	21.7	7.7	5600.0	5.5	11.1	3.6	11.3	4934.8	2668.8	0.0	2806.0	161.1	0.1	1.0	3647.8	409.5	884.0	332.4	147.9	16.6
54	230.0	21.7	7.6	3030.0	5.0	12.3	11.9	7.6	5699.4	3734.4	0.0	3916.2	192.6	0.8	0.7	4330.9	542.1	1190.0	495.6	149.2	18.7
55	167.0	22.2	7.4	4570.0	5.2	12.1	5.8	9.9	8903.1	5539.2	0.0	5502.2	190.6	0.1	0.9	6704.5	772.2	1664.0	750.0	193.0	22.2
56	158.0	21.1	7.6	3520.0	7.9	17.3	7.4	8.8	7126.0	3897.6	0.0	4239.5	165.8	0.1	0.9	5154.3	592.8	1356.0	538.8	167.5	19.3
57	220.0	24.4	7.7	2970.5	7.3	19.9	16.6	8.0	7590.8	3847.7	0.0	4902.6	220.1	0.1	0.7	4411.5	499.3	1150.1	382.9	159.3	18.0
58	250.0	23.6	7.7	2470.5	5.7	15.6	20.5	6.9	6150.1	3919.7	0.0	4243.8	209.0	0.1	0.6	3615.7	425.2	922.1	357.7	142.9	16.8
59	265.0	23.2	7.8	5630.5	4.0	9.6	5.1	12.8	6171.3	3905.3	0.0	4042.5	184.2	0.2	1.0	3647.9	409.6	884.1	332.5	147.9	16.6
60	280.0	23.2	7.7	3060.5	3.5	10.8	13.4	9.1	6935.9	4970.9	0.0	5152.7	238.5	0.9	0.8	4331.0	542.2	1190.1	495.7	149.2	18.7
Mean	**216.3**	**22.6**	**7.6**	**3623.2**	**6.0**	**14.7**	**11.8**	**8.6**	**6477.9**	**3777.8**	**0.0**	**4147.9**	**192.7**	**0.3**	**0.8**	**4387.1**	**511.7**	**1131.2**	**442.6**	**156.4**	**18.2**
±SE	**±12.9**	**±0.3**	**±0.0**	**±382.0**	**±0.5**	**±1.3**	**±1.9**	**±0.7**	**±385.9**	**±305.0**	**±0.0**	**±275.5**	**±7.5**	**±0.1**	**±0.1**	**±302.8**	**±35.3**	**±78.3**	**±41.5**	**±39.1**	**±4.6**

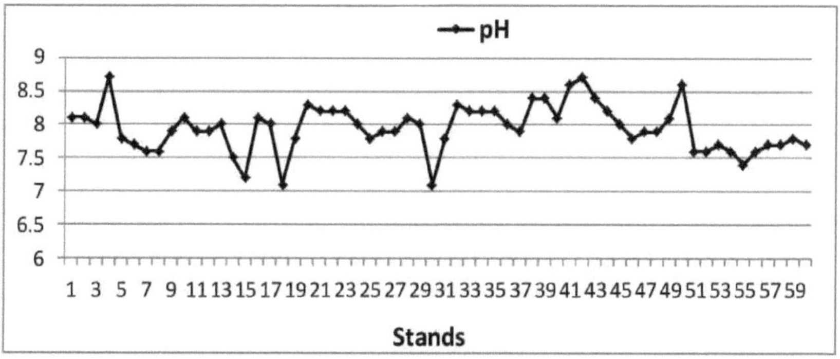

Figure 10. Variations of pH in the water samples of Damietta Branch.

5.2.2.2. Condutividade eléctrica (CE)

A salinidade da água, indicada pela condutividade eléctrica, atinge os seus valores máximos no local 4, em comparação com os dos outros locais ecológicos de água. Este parâmetro (CE) variou entre 199,6 - 466,1 μmhos/cm com um valor médio de 272,1μmhos/cm no local 1. No local 2, a CE variou entre 340,0μmhos/cm e 490,0μmhos/cm com um valor médio de 423,1μmhos/cm. No local 3, a CE variou entre 465,1 μmhos/cm e 574,5μmhos/cm com um valor médio de 520,9μmhos/cm, enquanto no local 4, a CE variou entre 2440,0 μmhos/cm e 5630,5 μmhos/cm com um valor médio de 3623,2 μmhos/cm (ver Fig. 11).

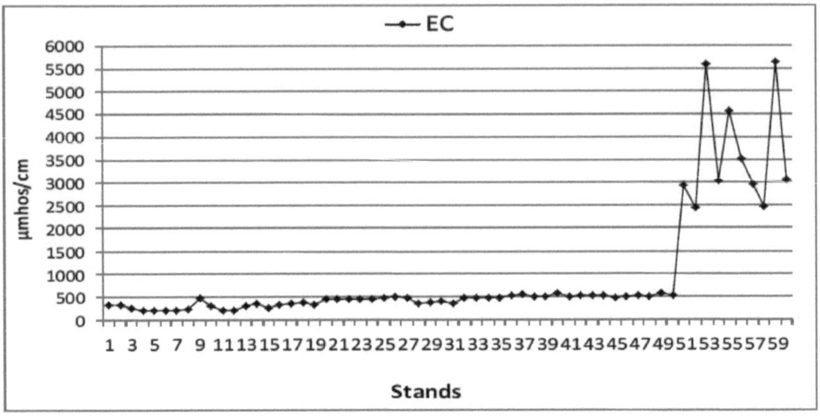

Figura 11. Variações da CE nas amostras de água do Ramal de Damietta.

5.2.2.3. Oxigénio dissolvido (DO)₂

O oxigénio dissolvido variou acentuadamente entre as amostras de todos os locais ecológicos. Variou entre 5,4 - 13,8 mg O_2 /l com um valor médio de 9,6 mg O_2 /l no local 1. No sítio 2, variou entre 4,8 e 15,0 mg O_2 /l com um valor médio de 8,6 mg O_2 /l . No sítio 3 variou entre 6,5 e 14,5 mg O_2 /l com um valor médio de 9,0 mg O_2 /l , enquanto no sítio 4 variou entre 3,5 e 8,8 mg O_2 /l com um valor médio de 6,0 mg O_2 /l (Fig. 12).

5.2.2.4. Quantidades de oxigénio exaurido (O_2 %)

As percentagens de oxigénio esgotado mostraram variações distintas nas amostras de água de todos os locais ecológicos. A percentagem variou entre 18,3 e 31,5 %, com um valor médio de 25,1 % no local 1, entre 10,7 e 40,8 %, com um valor médio de 18,8 % no local 2, entre 16,1 e 40,0 %, com um valor médio de 21,1 % no local 3, e entre 9,6 e 21,4 %, com um valor médio de 14,7 % no local 4 (Quadro 7).

5.2.2.5. Carência bioquímica de oxigénio (CBO)

Os dados obtidos a partir do Quadro 7 revelaram grandes variações na CBO das amostras de água dos quatro locais. Variou entre 1,0 e 9,0 mg/l, com um valor médio de 5,5 mg/l no local 1, entre 10,0 e 40,0 mg/l, com um valor médio de 24,5 mg/l no local 2, entre 16,1 e 40,0 mg/l, com um valor médio de 21,1 mg/l no local 3 e entre 9,6 e 21,4 mg/l, com um valor médio de 14,7 mg/l no local 4 (Fig. 12).

5.2.2.6. Carência química de oxigénio (CQO)

A CQO mostrou, também, uma variação distinta nas amostras de água dos quatro locais ecológicos da área de estudo. Variou entre 4,7 e 24,7 mg/l com um valor médio de 15,1 mg/l no local 1, entre 27,5 e 109,8 mg/l com um valor médio de 67,1 mg/l no local 2, entre 3,2 e 73,7 com um valor médio de 31,4 mg/l no local 3, enquanto que variou entre 5,4 e 12,8 mg/l com um valor médio de 8,6 mg/l no local 3 (Fig. 12).

5.2.2.7. Cloretos

Os teores de cloreto solúvel atingiram, relativamente, o valor mais elevado no local 4 do que nos outros locais ecológicos da área de estudo. Variou entre 234,9 - 3534,9 mg/l com um valor médio de 754,7 mg/l no local 1, entre 732,8 e 4649,7 mg/l com um valor médio de 1378,4 mg/l no local 2 e entre 1040,8 e 2141,4 mg/l com um valor médio de 1462,8 mg/l no local 3. Por outro lado, os teores de cloreto variaram entre 4913,5 e 8903,1 mg/l, com um valor médio de 6477,9 mg/l no local 4, ou seja, cerca de oito vezes mais elevados do que os do local 1 (Quadro 7 e Fig. 13).

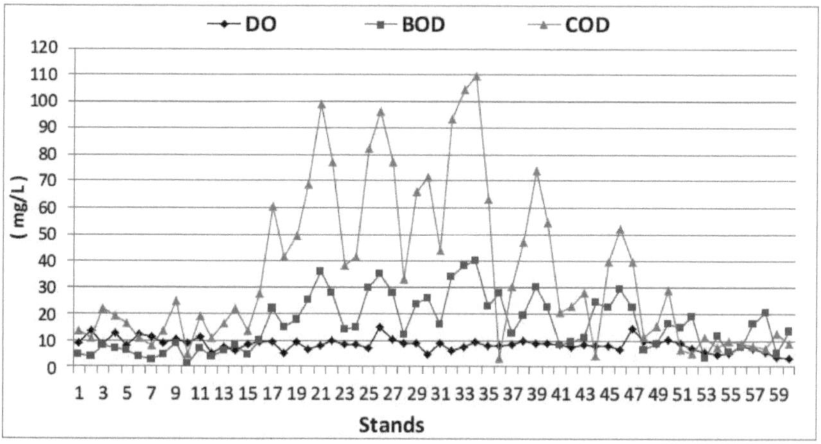

Figura 12. Variações de DO_2 , CBO e CQO nas amostras de água do Ramal de Damietta.

5.2.2.8. Sulfatos

Os sulfatos solúveis variaram acentuadamente nas amostras de água do mesmo local e dos diferentes locais. No local 1, o teor de sulfato variou entre 158,4 - 10157,9 mg/l, com um valor médio de 3426,7 mg/l; no local 2, variou entre 249,6 e 15425,3 mg/l, com um valor médio de 4051,8 mg/l; no local 3, o teor de sulfato variou entre 427.2 mg/l e 5651,4 mg/l com um valor médio de 2551,8 mg/l, enquanto que no local 4 variou entre 2611,2 e 5539,2 mg/l com um valor médio de 3777,8 mg/l (Quadro 7 e Fig. 13).

5.2.2.9. Carbonatos e bicarbonatos

Os carbonatos solúveis estavam completamente ausentes das amostras de água de todos os locais ecológicos inquiridos na área de estudo. Por outro lado, os teores de bicarbonatos foram relativamente mais elevados no local 4 do que nos outros locais ecológicos. No local 1, variou entre 257,5 - 581,2 mg/l com um valor médio de 420,2 mg/l, no local 2, variou entre 457,5 - 1776,6 mg/l com um valor médio de 984,1 mg/l, no local 3, variou entre 579,5 - 1810,0 mg/l com um valor médio de 1113,2 mg/l. Por outro lado, no local 4, que é relativamente o mais elevado, variou entre 2806,0 - 5502,2 mg/l com um valor médio de 4147,9 mg/l (Tabela 7 e Fig. 13).

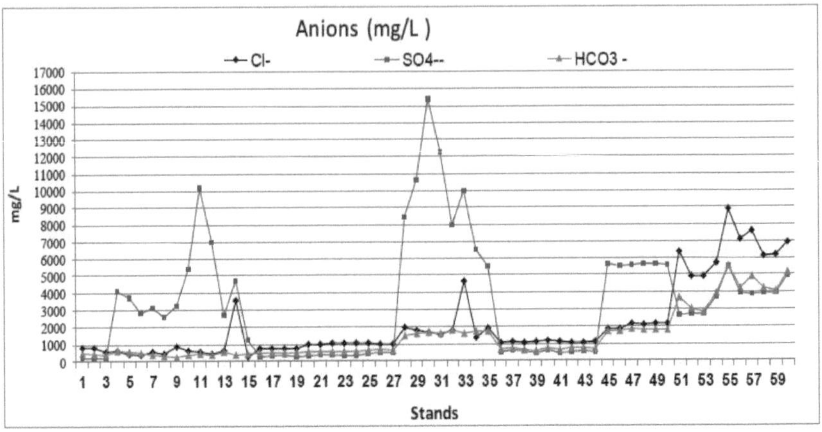

Figura 13. Variações dos aniões nas amostras de água do Ramal de Damietta.

5.2.2.10. Carbonatos de cálcio (CaCO)₃

Os teores de carbonato de cálcio variaram muito entre as amostras de água dos diferentes locais. Como se pode ver na Tabela 6, este parâmetro variou entre 128,5 - 192,8 mg/l com um valor médio de 155,5 mg/l no local 1, no local 2, variou entre139,0 - 240,1 mg/l com um valor médio de 184,8 mg/l, no local 3, variou entre186,3 - 263,7 mg/l com um valor médio de 222,6. Nas amostras de água recolhidas no local 4, variou entre 181,6 - 238,5 mg/l com um valor médio de 192,7 mg/l.

5.2.2.11. Azoto total

O teor de azoto total apresentou, relativamente, poucas variações entre as amostras de água dos quatro locais. Variou entre 0,4 e 1,8 mg/l no local 1, com um valor médio de 1,1 mg/l. No local 2, variou entre 0,2 e 1,7 mg/l com um valor médio de 1,0 mg/l, e no local 3, variou entre 0,0 e 1,6 mg/l com um valor médio de 0,8 mg/l. As quantidades relativamente menores de azoto total foram determinadas nas amostras de água do local 4, variando entre 0,1 e 0,9 mg/l, com um valor médio de 0,3 mg/l (Quadro 7).

5.2.2.12. Fósforo total

Os resultados da análise da água, como mostram os quadros (7), indicaram que o fósforo total era quase comparável nas amostras de água de todos os locais. Variou entre 0,5 e 1,3 mg/l com um valor médio de 0,8 mg/l no local 1, entre 0,6 e 1,4 mg/l no local 2 com um valor médio de 0,9 mg/l entre 0,39 e 1,9 mg/l com um valor médio de 1,2 mg/l no local 3, e no local 4, variou entre 0,6 e 1,0 mg/l com um valor médio de 0,8 mg/l.

5.2.2.13. Catiões extraíveis

Estas incluem a determinação das quantidades de Na^+ , K^+ , Ca^{++} e Mg^{++} (mg/l) como se segue (Tabela 7 e Fig. 14):

5.2.2.13.1. Sódio $(Na)^+$

Os resultados da análise da água indicaram que houve um aumento sucessivo das concentrações do catião sódio nas amostras dos quatro locais em direção a norte. As quantidades relativamente mais baixas foram as do local 1, que variaram entre 14,2 e 522,1 mg/l, com um valor médio de 120,9 mg/l. No local 2, variou entre 20,8 e 713,0 mg/l, com um valor médio de 420,3 mg/l, e no local 3 variou entre 504,6 e 779,7 mg/l, com um valor médio de 700,2 mg/l. As quantidades relativamente mais elevadas foram as do local nordeste no. 4, que variou entre 3615,6 e 6704,5 mg/l, com um valor médio de 4387,1 mg/l.

5.2.2.13.2. Potássio (K^+)

A concentração do catião potássio mostrou a mesma tendência das concentrações de Na das amostras de água. Foi também relativamente elevada nas amostras do local 4, variando entre 409,5 -772,2 mg/l com um valor médio de 511,7 mg/l. No local 1, variou entre 3,2 - 51,6 mg/l com um valor médio de 17,1 mg/l e entre 2,9 -78,0 mg/l com um valor médio de 42,5 mg/l no local 2. As concentrações do catião potássio no local 3 variaram entre 49,1 e 109,2 mg/l com um valor médio de 74,0 mg/l.

5.2.2.13.3. Cálcio $(Ca)^{++}$

Os teores de cálcio mostraram também as mesmas tendências de Na^+ e K^+ sendo, em geral, elevados nas amostras de água do local 4. Variou entre 884,0 e 1664,0 mg/l com um valor médio de 1131,2 mg/l. A concentração do catião cálcio nos outros locais variou entre 3,4 e 128,0 mg/l com um valor médio de 32,4 mg/l no local 1, entre 2,1 e 19,6 mg/l com um valor médio de 12,6 mg/l no local 2, entre 136,7 e 218,0 mg/l com um valor médio de 184,4 mg/l no local 3.

5.2.2.13.4. Magnésio $(Mg)^{++}$

As concentrações de magnésio foram relativamente elevadas nas amostras de água recolhidas no local 4, uma vez que variaram entre 332,4 mg/l e 750,0 mg/l, com um valor médio de 442,6 mg/l. Os valores mais baixos foram registados nos outros locais. No local 1, o valor variou entre 5,1 - 40,8 mg/l, com um valor médio de 16,0 mg/l; no local 2, entre 2,5 - 92,4 mg/l, com um valor médio de 44,6 mg/l; e no local 3, entre 46,9 mg/l e 108,0 mg/l, com um valor médio de 78,6 mg/l.

5.2.2.14. Rácio de adsorção de sódio (SAR)

O rácio de adsorção de sódio foi relativamente elevado nas amostras de água do local 4, uma vez que variou entre 142,9 e 193,0, com um valor médio de 156,4. Foram registados valores mais baixos nas amostras dos outros 3 locais. A SAR variou entre 3,6 e 58,1 com um valor médio de 24,6 no local 1, entre 9,1 e 66,7 com um valor médio de 48,5 no local 2 e entre 52,7 e 69,2 com um valor médio de 61,1 no local 3.

5.2.2.15. Rácio de adsorção de potássio (PAR)

O rácio de adsorção de potássio mostrou a mesma tendência da SAR, ou seja, os valores relativamente mais elevados foram os das amostras de água do local 4, uma vez que variou entre 16,6 - 22,2 com um valor médio de 18,2. Por outro lado, variou entre 1,0 - 12,2 com um valor médio de 3,5 no local 1, entre 1,0 - 12,5 com um valor médio de 4,9 no local 2 e entre 4,8 - 8,5 com um valor médio de 6,5 no local 3.

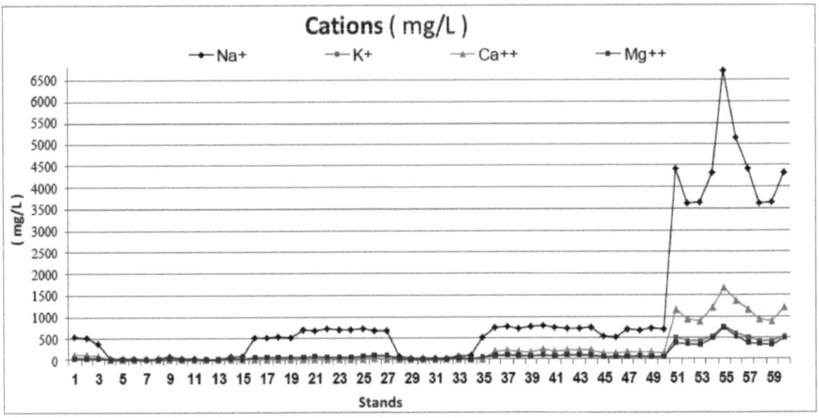

Figura 14. Variações de catiões nas amostras de água do Ramo Damietta.

5.2.3.Metais pesados

Os resultados citados na Tabela (8) mostram as concentrações dos metais pesados das amostras de hidrossolo e de água recolhidas na área de estudo (4 locais, 60 povoamentos) que representam o braço de Damietta do rio Nilo. Os metais medidos são Fe, Mn, Zn, Cu, Pb, Ni, Cd e Co.

5.2.3.1. Hidrossolo

5.2.3.1.1. Ferro

É óbvio, a partir dos resultados obtidos, que as concentrações de iões de ferro nas amostras de hidrossolo eram elevadas em comparação com os outros elementos. A percentagem de ferro no local 1 variou entre 19,534 e 25,833 mg/kg, com um valor médio de 23,030 mg/kg. No local 2 variou entre 17,616 - 25,230 mg/kg com um valor médio de 22,176 mg/kg, no local 3 variou entre 13,840 - 25,930 mg/kg com um valor médio de 22,305 mg/kg. Por outro lado, nas amostras de solo recolhidas no local 4, variou entre 17,004 - 21,991 mg/kg, com um valor médio de 20,792 mg/kg. De um modo geral, registaram-se poucas variações na concentração de ferro entre os quatro locais (ver Fig. 15a).

Tabela 8. Concentrações de metais pesados nas amostras de hidrossolo e água recolhidas em diferentes locais ecológicos no braço Damettia do rio Nilo, Egito.

Stand n.	**Hidrossolo** (mg/ kg de solo seco)								**Água** (mg/l)							
	Fe	**Mn**	**Zn**	**Cu**	**Pb**	**Ni**	**Cd**	**Co**	**Fe**	**Mn**	**Zn**	**Cu**	**Pb**	**Ni**	**Cd**	**Co**
1) Sítio 1 (El-Qanater El-Khayria - Benha)																
1	24.410	11.470	3.320	3.140	3.681	1.930	0.143	0.627	0.198	0.091	0.070	0.033	0.058	0.015	0.030	0.040
2	20.820	9.940	2.980	2.670	2.988	1.661	0.127	0.536	0.160	0.170	0.053	0.022	0.039	0.006	0.020	0.026

3	25.760	12.310	3.980	3.770	3.845	2.002	0.179	0.664	0.154	0.166	0.049	0.020	0.034	0.003	0.017	0.025
4	23.868	10.928	2.778	2.598	3.139	1.388	0.138	0.085	0.276	0.114	0.089	0.031	0.065	0.016	0.026	0.039
5	20.278	9.398	2.438	2.128	2.446	1.219	0.122	0.294	0.239	0.095	0.067	0.019	0.045	0.012	0.011	0.022
6	25.218	11.768	3.438	3.228	3.303	1.460	0.174	0.122	0.225	0.083	0.058	0.014	0.032	0.011	0.007	0.019
7	21.483	11.543	3.393	3.213	3.754	2.003	0.752	0.700	0.283	0.020	0.091	0.035	0.068	0.017	0.007	0.040
8	20.893	10.013	3.053	2.743	3.061	1.834	0.736	0.909	0.230	0.086	0.061	0.016	0.039	0.001	0.007	0.021
9	25.833	12.383	4.053	3.843	3.918	2.075	0.788	0.737	0.258	0.107	0.080	0.025	0.059	0.008	0.018	0.033
10	21.097	9.157	4.007	3.827	4.368	2.617	1.367	1.314	0.264	0.111	0.085	0.029	0.063	0.012	0.011	0.035
11	24.096	11.156	3.006	2.826	3.367	1.616	0.366	0.313	0.244	0.100	0.070	0.020	0.050	0.004	0.012	0.027
12	23.095	10.155	2.005	1.825	2.366	0.615	0.636	0.688	0.177	0.015	0.010	0.068	0.034	0.023	0.003	0.040
13	24.508	11.568	3.418	2.238	3.779	2.028	0.778	0.725	0.140	0.040	0.032	0.080	0.054	0.028	0.008	0.017
14	19.534	8.594	2.144	1.264	2.805	1.054	0.803	0.751	0.126	0.016	0.041	0.085	0.067	0.019	0.012	0.020
15	24.559	11.619	3.469	3.289	3.830	2.079	0.829	0.776	0.184	0.021	0.008	0.064	0.031	0.082	0.012	0.029
Média	**23.030**	**10.800**	**3.165**	**2.840**	**3.377**	**1.705**	**0.529**	**0.616**	**0.210**	**0.080**	**0.057**	**0.037**	**0.049**	**0.017**	**0.013**	**0.029**
±SE	**±0.551**	**±0.304**	**±0.163**	**±0.194**	**±0.148**	**±0.129**	**±0.098**	**±0.081**	**±0.013**	**±0.014**	**±0.007**	**±0.006**	**±0.004**	**±0.005**	**±0.002**	**±0.002**
2) Sítio 2 (Benha - El-Mansoura)																
16	23.710	11.270	3.980	2.320	2.459	1.909	0.169	0.612	0.175	0.008	0.064	0.025	0.049	0.009	0.024	0.034
17	23.833	11.393	4.103	2.443	2.582	2.032	0.292	0.735	0.183	0.182	0.066	0.030	0.051	0.012	0.025	0.035
18	22.590	10.810	3.380	2.850	3.328	1.841	0.131	0.580	0.191	0.189	0.069	0.031	0.055	0.014	0.029	0.038
19	23.310	11.130	3.840	3.180	3.398	1.883	0.157	0.598	0.167	0.175	0.058	0.022	0.043	0.006	0.021	0.029
20	25.230	12.130	3.870	3.650	3.767	1.985	0.169	0.653	0.187	0.081	0.062	0.014	0.026	0.006	0.010	0.016
21	21.950	10.420	3.020	2.690	3.284	1.816	0.125	0.563	0.213	0.092	0.067	0.018	0.037	0.011	0.014	0.019
22	18.095	9.565	2.165	1.835	2.429	0.961	0.730	0.292	0.226	0.094	0.072	0.021	0.038	0.015	0.015	0.022
23	19.630	9.120	2.660	2.470	2.945	1.619	0.115	0.506	0.179	0.078	0.061	0.013	0.024	0.005	0.009	0.015
24	21.640	10.350	3.150	2.750	3.004	1.670	0.132	0.548	0.198	0.086	0.065	0.017	0.030	0.007	0.010	0.016
25	20.855	9.565	2.365	1.965	2.219	0.885	0.653	0.237	0.234	0.098	0.076	0.025	0.042	0.019	0.017	0.026
26	24.720	11.720	3.530	3.290	3.715	1.943	0.154	0.640	0.248	0.104	0.082	0.028	0.049	0.022	0.022	0.029
27	23.600	11.210	3.910	3.260	3.427	1.898	0.163	0.607	0.241	0.102	0.080	0.027	0.048	0.019	0.021	0.026
28	23.777	10.777	2.587	2.347	2.772	1.600	0.789	0.303	0.186	0.019	0.075	0.036	0.060	0.020	0.035	0.045
29	22.657	10.267	2.967	2.317	2.484	0.955	0.780	0.336	0.194	0.093	0.077	0.041	0.062	0.023	0.036	0.046
30	22.111	10.331	2.901	2.371	2.849	1.362	0.348	0.101	0.202	0.098	0.080	0.042	0.066	0.025	0.040	0.049
31	22.831	10.651	3.361	2.701	2.919	1.404	0.322	0.119	0.178	0.019	0.069	0.033	0.054	0.017	0.032	0.040
32	24.751	11.651	3.391	3.171	3.288	1.506	0.310	0.174	0.198	0.092	0.073	0.025	0.037	0.015	0.021	0.027
33	21.471	9.941	2.541	2.211	2.805	1.337	0.354	0.084	0.224	0.017	0.078	0.029	0.048	0.022	0.025	0.030
34	17.616	9.086	1.686	1.356	1.950	1.482	0.251	0.187	0.237	0.011	0.083	0.032	0.049	0.026	0.026	0.033
35	19.151	8.641	2.181	1.991	2.466	1.140	0.364	0.027	0.190	0.089	0.072	0.024	0.035	0.016	0.020	0.026
Média	**22.176**	**10.501**	**3.079**	**2.558**	**2.905**	**1.561**	**0.325**	**0.395**	**0.203**	**0.086**	**0.071**	**0.027**	**0.045**	**0.015**	**0.023**	**0.030**
±SE	**±0.486**	**±0.215**	**±0.155**	**±0.127**	**±0.111**	**±0.082**	**±0.051**	**±0.052**	**±0.005**	**±0.012**	**±0.002**	**±0.002**	**±0.003**	**±0.001**	**±0.002**	**±0.002**
3) Sítio 3 (El-Mansoura - Farskour)																
36	20.150	9.590	2.850	2.580	2.970	1.623	0.120	0.528	0.263	0.115	0.088	0.036	0.068	0.019	0.025	0.040
37	25.930	12.400	4.090	3.850	3.880	2.009	0.188	0.669	0.288	0.126	0.101	0.043	0.077	0.028	0.038	0.051

38	25.500	12.220	3.920	3.720	3.798	1.994	0.174	0.658	0.251	0.107	0.079	0.031	0.057	0.013	0.023	0.034
39	22.870	10.920	3.360	2.980	3.356	1.860	0.137	0.587	0.237	0.095	0.070	0.026	0.044	0.011	0.019	0.031
40	24.080	11.250	3.150	3.020	3.650	1.916	0.136	0.618	0.295	0.132	0.103	0.047	0.080	0.029	0.039	0.052
41	23.120	11.020	3.790	3.100	3.381	1.871	0.151	0.593	0.242	0.098	0.073	0.028	0.051	0.013	0.019	0.033
42	24.970	11.810	3.710	3.410	3.748	1.968	0.163	0.646	0.270	0.119	0.092	0.037	0.071	0.020	0.030	0.045
43	25.257	12.097	3.997	3.697	4.035	2.255	0.450	0.933	0.276	0.123	0.097	0.041	0.075	0.024	0.033	0.047
44	22.300	10.660	3.170	2.770	3.302	1.827	0.132	0.575	0.256	0.112	0.082	0.032	0.062	0.016	0.024	0.039
45	21.161	9.871	2.671	2.271	2.525	1.191	0.347	0.069	0.264	0.116	0.089	0.037	0.069	0.020	0.026	0.041
46	20.376	9.086	1.886	1.486	2.740	0.406	0.175	0.241	0.289	0.127	0.102	0.044	0.078	0.029	0.039	0.052
47	24.241	11.241	3.051	2.811	3.236	1.464	0.325	0.161	0.252	0.108	0.080	0.032	0.058	0.014	0.024	0.035
48	23.121	10.731	3.431	2.781	2.948	1.419	0.316	0.128	0.238	0.096	0.071	0.027	0.045	0.012	0.020	0.032
49	13.840	8.298	2.108	1.868	2.293	1.121	0.310	0.176	0.296	0.133	0.104	0.048	0.081	0.030	0.040	0.053
50	17.662	8.831	1.631	1.231	2.485	0.151	0.380	0.413	0.243	0.099	0.074	0.029	0.052	0.014	0.020	0.034
Média	**22.305**	**10.668**	**3.121**	**2.772**	**3.223**	**1.538**	**0.234**	**0.466**	**0.264**	**0.114**	**0.087**	**0.036**	**0.065**	**0.020**	**0.028**	**0.041**
±SE	**±0.847**	**±0.330**	**±0.199**	**±0.203**	**±0.141**	**±0.156**	**±0.028**	**±0.065**	**±0.005**	**±0.003**	**±0.003**	**±0.002**	**±0.003**	**±0.002**	**±0.002**	**±0.002**
4) Sítio 4 (Farskour - Ras El-Bar)																
51	21.527	10.986	2.796	2.556	3.981	1.209	0.070	0.294	0.349	0.166	0.013	0.053	0.093	0.029	0.049	0.062
52	20.407	10.476	3.176	2.526	3.693	1.164	0.061	0.127	0.331	0.152	0.012	0.049	0.086	0.026	0.043	0.060
53	20.585	10.044	1.854	1.614	2.039	0.867	0.055	0.379	0.317	0.143	0.011	0.047	0.080	0.023	0.042	0.057
54	22.561	11.930	3.420	3.170	3.780	1.950	0.148	0.663	0.369	0.174	0.014	0.056	0.099	0.034	0.053	0.066
55	21.521	11.250	3.080	3.090	3.210	1.570	0.107	0.628	0.402	0.193	0.015	0.060	0.107	0.036	0.057	0.074
56	21.991	11.660	2.930	3.110	3.450	1.720	0.132	0.640	0.387	0.187	0.015	0.058	0.104	0.034	0.054	0.071
57	20.594	10.113	1.963	1.783	2.324	0.573	0.677	0.730	0.328	0.145	0.011	0.032	0.072	0.008	0.028	0.041
58	17.004	8.583	1.623	1.313	2.631	1.404	0.693	0.521	0.310	0.131	0.028	0.028	0.065	0.005	0.002	0.039
59	21.944	10.953	2.623	2.413	2.488	0.645	0.641	0.693	0.296	0.122	0.041	0.026	0.059	0.002	0.001	0.036
60	19.779	9.298	1.148	2.968	1.509	1.242	1.492	1.545	0.348	0.153	0.012	0.035	0.078	0.013	0.003	0.045
Média	**20.792**	**10.529**	**2.461**	**2.454**	**2.911**	**1.234**	**0.408**	**0.546**	**0.344**	**0.157**	**0.017**	**0.044**	**0.084**	**0.021**	**0.033**	**0.055**
±SE	**±0.501**	**±0.331**	**±0.241**	**±0.213**	**±0.263**	**±0.142**	**±0.148**	**±0.156**	**±0.011**	**±0.007**	**±0.003**	**±0.004**	**±0.005**	**±0.004**	**±0.007**	**±0.004**

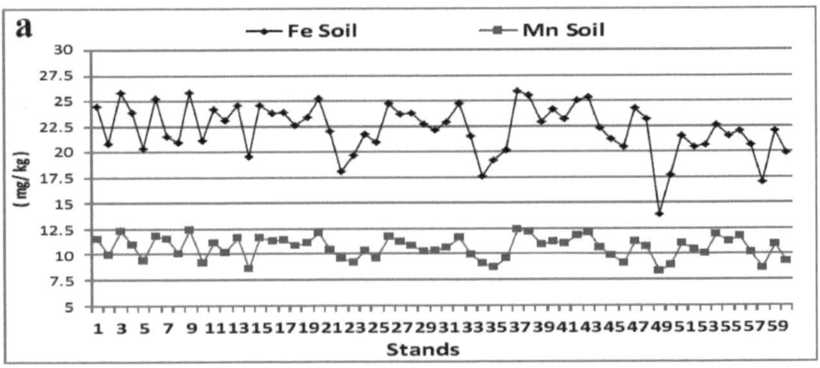

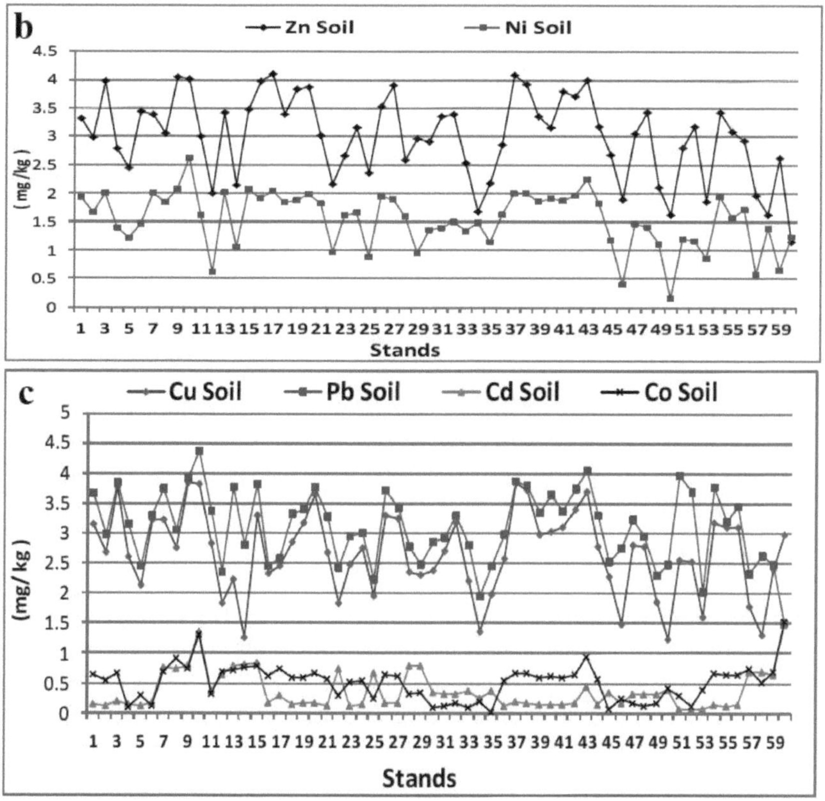

Figura 15, a-c. Variações de metais pesados nas amostras de hidrossolo do Ramo Damietta.

5.2.3.1.2. Manganês

Conforme registado na Tabela (8), as concentrações de ião manganês nas amostras de hidrossolo foram ligeiramente elevadas em comparação com os outros elementos e mostraram uma gama estreita de variação. A percentagem de ião manganês variou entre 8,594 e 12,310 mg/kg, com um valor médio de 10,800 mg/kg no local 1. No local 2, variou entre 8,641 - 12,130 mg/kg com um valor médio de 10,501 mg/kg, no local 3 variou entre 8,298 - 12,400 mg/kg com um valor médio de 10,668 mg/kg. No local 4, as concentrações de manganês variaram entre 8,583 e 11,930 mg/kg, com um valor médio de 10,529 mg/kg (ver figura 15a).

5.2.3.1.3. Zinco

A Tabela 8 e a Fig. 15b mostram que a concentração de iões Zn teve uma gama estreita de variações. Variou entre 2,005 - 4,053 mg/kg com um valor médio de 3,165 mg/kg no local 1 e entre 1,686 - 4,103 mg/kg com um valor médio de 3,079 mg/kg. No local 3, variou entre 1,631 e 4,090 mg/kg, com um valor médio de 3,121 mg/kg. Por outro lado, a concentração de iões variou entre 1,148 e 3,420 mg/kg, com um valor médio de 2,461 mg/kg.

5.2.3.1.4. Cobre

O ião Cu variou ligeiramente nas amostras de hidrossolo. No local 1, variou entre 1,264 - 3,843 mg/kg com um valor médio de 2,840 mg/kg. No local 2, variou entre 1,356 e 3,650 mg/kg, com um valor médio de 2,558 mg/kg. No sítio 3, por sua vez, o intervalo entre 1,231 e 3,850 mg/kg, com um valor médio de 2,772 mg/kg. Por outro lado, no local 4, variou entre 1,313 - 3,170 mg/kg com um valor médio de 2,454 mg/kg (ver Quadro 8 e Fig. 15c).

5.2.3.1.5. Chumbo

As concentrações de ião chumbo eram quase comparáveis na maioria das amostras de água dos quatro locais. No local 1, a concentração variou entre 2,366 - 3,918 mg/kg, com um valor médio de 3,377 mg/kg, e entre 1,950 - 3,767 mg/kg, com um valor médio de 2,905 mg/kg no local 2. No sítio 3, por sua vez, a dose variou entre 2,293 e 4,035 mg/kg, com um valor médio de 3,223 mg/kg. Por outro lado, no local 4 variou entre 1,509 - 3,981 mg/kg, com um valor médio de 2,911 mg/kg (ver Quadro 8 e Fig. 15c).

5.2.3.1.6. Níquel

As concentrações de ião níquel no local 1 variaram entre 0,615 e 2,617 mg/kg, com um valor médio de 1,705 mg/kg. No local 2, variou entre 0,885 - 2,032 mg/kg com um valor médio de 1,561 mg/kg. No sítio 3, variou entre 0,151 e 2,255 mg/kg, com um valor médio de 1,538 mg/kg. Por outro lado, no local 4, variou entre 0,573 - 1,950 mg/kg com um valor médio de 1,234 mg/kg (Quadro 8 e Fig. 15b).

5.2.3.1.7. Cádmio

Os resultados da análise do solo, tal como apresentados no Quadro (8) e na Figura (15c), indicam que a concentração de ião cádmio é baixa nos quatro locais da área de estudo. No local 1, variou entre 0,122 - 1,367 mg/kg, com um valor médio de 0,529 mg/kg e entre 0,115 - 0,789 mg/kg, com um valor médio de 0,325 mg/kg no local 2. No sítio 3, por sua vez, a dose variou entre 0,120 e 0,450 mg/kg, com um valor médio de 0,234 mg/kg. Por outro lado, o local 4 variou entre 0,055 - 1,492 mg/kg, com um valor médio de 0,408 mg/kg.

5.2.3.1.8. Cobalto

O ião cobalto apresenta a mesma tendência que o ião cádmio nos diferentes locais da área de estudo. A percentagem de ião cobalto no local 1 variou entre 0,085 e 1,314 mg/kg, com um valor médio de 0,616 mg/kg. No local 2, variou entre 0,027 - 0,735 mg/kg com um valor médio de 0,395 mg/kg. No sítio 3, variou entre 0,069 e 0,669 mg/kg, com um valor médio de 0,466 mg/kg. Por outro lado, no local 2 variou entre 0,127 - 1,545 mg/kg com um valor médio de 0,546 mg/kg (Quadro 8 e Fig. 15c).

5.2.3.2. Água

5.2.3.2.1. Ferro

É óbvio, a partir dos resultados obtidos, que as concentrações de iões de ferro nas amostras de água eram elevadas em comparação com os outros elementos. A percentagem de ferro no local 1 variou entre 0,126 e 0,283 mg/l, com um valor médio de 0,210 mg/l. No local 2 variou entre 0,167- 0,248mg/l com um valor médio de 0,203mg/l, no local 3 o ião ferro variou entre 0,237- 0,296 mg/l com um valor médio de 0,264 mg/l, enquanto que nas amostras de solo recolhidas no local 4, variou entre 0,296- 0,402mg/l com um valor médio de 0,344 mg/l. Isto significa que as quantidades relativamente mais baixas de ferro foram determinadas no local 2 e os valores mais elevados foram os do local 4 (Quadro 8 e Fig. 16a).

5.2.3.2.2. Manganês

Conforme registado na Tabela (8), as concentrações de ião manganês nas amostras de água foram quase comparáveis na maioria das amostras de água e mostraram uma gama estreita de variações. A percentagem de ião manganês variou entre 0,040 e 0,170mg/l com um valor médio de 0,080mg/kg no local 1. No local 2, variou entre 0,008- 0,189mg/l com um valor médio de 0,086mg/l. No local 3, variou entre 0,095 e 0,133mg/l, com um valor médio de 0,114mg/l. Por outro lado, nas amostras de solo recolhidas no local 4, variou entre 0,122 e 0,193 mg/l, com um valor médio de 0,157 mg/l (Fig. 16a).

5.2.3.2.3. Zinco

A Tabela 7 mostra que as concentrações de iões Zn apresentaram uma gama estreita de variações. Variou entre 0,008- 0,089mg/l com um valor médio de 0,057mg/l no local 1 e entre 0,058- 0,083mg/l com um valor médio de 0,071mg/l no local 2. No local 3, a concentração de iões variou entre 0,070 e 0,104 mg/l, com um valor médio de 0,087 mg/l. Por outro lado, a concentração de iões variou entre 0,011 e 0,041 mg/l, com um valor médio de 0,017 mg/l no local 4 (Tabela 8 e Fig. 16b).

5.2.3.2.4. Cobre

A concentração do ião Cu variou ligeiramente nas amostras de água dos quatro locais da área de estudo. No local 1, variou entre 0,014- 0,085mg/l com valor médio de 0,037mg/l. No local 2, variou entre 0,013 e 0,042 mg/l, com um valor médio de 0,027 mg/l. No local 3 variou entre 0,026- 0,048mg/l com valor médio de 0,036mg/l enquanto que no local 4 variou entre 0,026- 0,060mg/l com valor médio de 0,044mg/l (Quadro 8 e Fig. 16c).

5.2.3.2.5. Chumbo

As concentrações do ião chumbo no local 1 variaram entre 0,031 e 0,068 mg/l, com um valor médio de 0,049 mg/l, e no local 2 variaram entre 0,024 e 0,066 mg/l, com um valor médio de 0,045 mg/l. No local 3, variou entre 0,044 e 0,081 mg/l, com um valor médio de

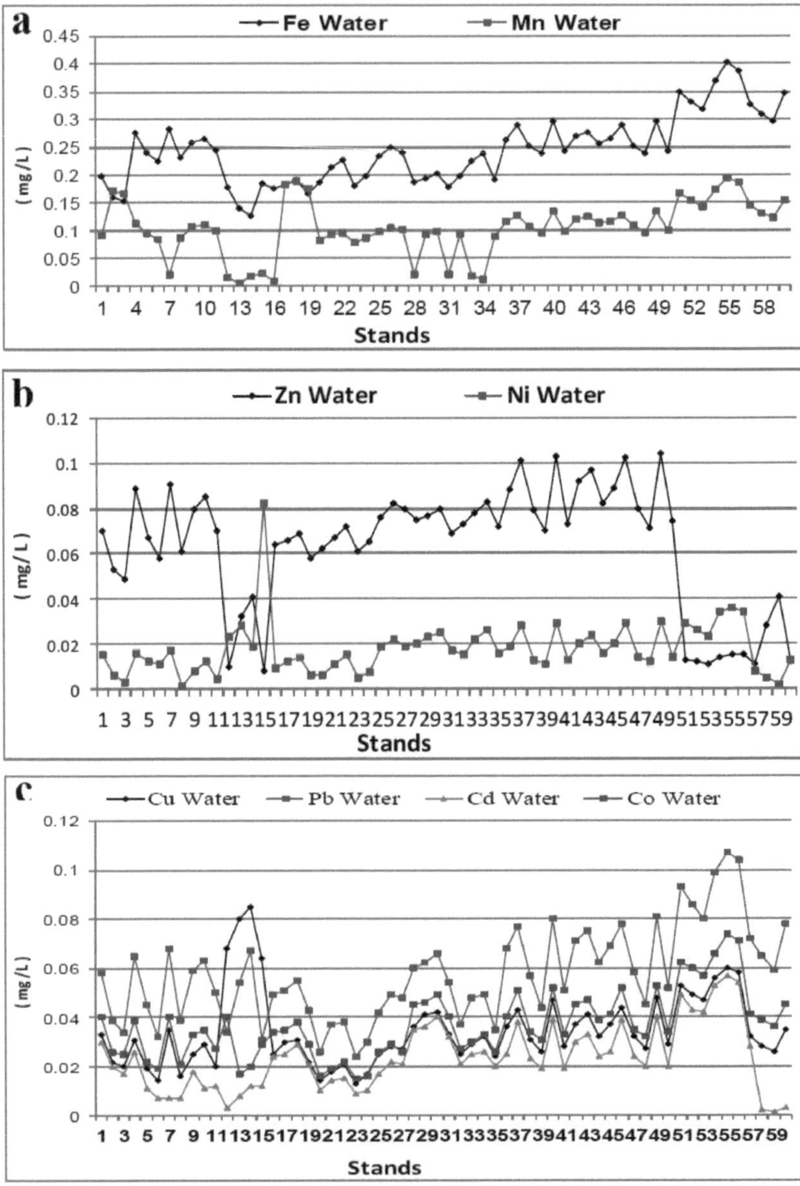

Figura 16, a-c. Variações de metais pesados nas amostras de água do Ramo Damietta.

0,065mg/l. Por outro lado, no local 4, variou entre 0,059 e 0,107 mg/l, com um valor médio de 0,084 mg/l. As quantidades relativamente mais elevadas de chumbo são as do local 4 (ver Quadro 8 e Fig. 16c).

5.2.3.2.6. Níquel

Como se pode ver na Tabela (8) e na Fig. (16b), a percentagem de iões de níquel no local 1 variou entre 0,001 e 0,082 mg/l, com um valor médio de 0,017 mg/l. No local 2, variou entre 0,005 e 0,026 mg/l, com um valor médio de 0,015 mg/l. No local 2, variou entre 0,005- 0,026mg/l com um valor médio de 0,015mg/l. No local 3, variou entre 0,011 e 0,030 mg/l, com um valor médio de 0,020 mg/l. Por outro lado, no local 4 variou entre 0,002- 0,036mg/l com um valor médio de 0,021mg/l. Assim, as concentrações do ião níquel eram quase comparáveis em todas as amostras de água dos quatro locais.

5.2.3.2.7. Cádmio

Os resultados da análise da água, tal como apresentados na Tabela (8) e na Figura (16c), indicam que a concentração de iões cádmio é baixa nos quatro locais da área de estudo. No local 1, variou entre 0,003- 0,030mg/l, com valor médio de 0,013mg/l e variou entre 0,009- 0,040mg/l, com valor médio de 0,023mg/l no local 2, no local 3 variou entre 0,019- 0,040mg/l, com valor médio de 0,028mg/l e no local 4 variou entre 0,001- 0,057mg/l, com valor médio de 0,033mg/l.

5.2.3.2.8. Cobalto

O ião cobalto apresentou a mesma tendência do ião cádmio nos diferentes locais da área de estudo. No local 1, variou entre 0,017 e 0,040mg/l, com um valor médio de 0,029mg/l; no local 2, variou entre 0,015 e 0,049mg/l, com um valor médio de 0,030mg/l; no local 3, variou entre 0,031 e 0,053mg/l, com um valor médio de 0,041mg/l; e no local 4, variou entre 0,036 e 0,074mg/l, com um valor médio de 0,055mg/l (ver quadro 8 e figura 16c).

5.2.4. Análise Autecológica e Elementar de Quatro Hidrófitas Selecionadas.

O presente estudo inclui breves notas ecológicas e a avaliação de oito metais pesados (Fe, Mn, Zn, Cu, Pb, Ni, Cd e Co) e a avaliação do seu estado de toxicidade nos tecidos de quatro espécies de plantas aquáticas, nomeadamente, *Ceratophyllum demersum, Echinochloa stagnina, Eichhornia crassipes* e *Myriophyllum spicatum* nos locais 1,2 e 3 (Quadro 9 e Figs. 17,18 e 19). No entanto, estes hidrófitos submersos e flutuantes estão ausentes no sítio 4.

5.2.4.1. Notas ecológicas sobre os hidrófitos selecionados

5.2.4.1.1. *Ceratophyllum demersum* L.

Ceratophyllum demersum L. *(Nakhshush el Hut* ou coontail) pertence à família Ceratophyllaceae (Família Homwort), Dicotyledoneae (Stace, 1991). Três espécies de *Ceratophyllum* foram registadas por Tackholm (1974) no Egito: *C. demersum, C. muricatum* e *C. submersum.* Ela registou que as duas últimas espécies são muito raras e Boulos (1995) questiona a sua presença no Egito. Simpson (1932) referiu que *C. demersum* ocorria na água doce do Delta do Nilo mas não noutros locais do Egito. Afirmou que *C. demersum* é uma infestante subaquática muito perigosa de canais, esgotos e lagos, que se reproduz por sementes e pelos pedaços quebrados do caule frágil.

Serag (1991) referiu que a caraterística notável de *C. demersum* no Delta do Nilo é a sua ocorrência durante todo o ano, com um crescimento mais vigoroso durante o verão do que no inverno. A comunidade de *C. demersum* foi considerada por El-Fiky (1974) como uma das comunidades aquáticas mais difundidas no Egito. É observada numa grande variedade de massas de água: pequenos e grandes esgotos e canais, principais braços do Nilo e lagos a norte do Delta do Nilo. A análise da água que suporta o crescimento da comunidade de *C. demersum* no Delta do Nilo mostrou que esta ocorre em água de reação alcalina (pH = 7,2 e 8,7) com uma vasta gama de sais solúveis: 271 e 6188 ppm no principal braço de Damietta e no lago Burullus, respetivamente. Os cloretos, sulfatos, bicarbonatos e oxigénio dissolvido variaram entre 25 e 2524 ppm, 17 e 280 ppm, 156 e 552 ppm e 0,13 e 9,6 ppm, respetivamente (El-Fiky, 1974; Serag, 1991).

O Ceratophyllum demersum tem sido objeto de um intenso estudo ecológico e biológico. No entanto, o seu potencial económico tem recebido pouca atenção. Isto deve-se provavelmente ao facto de a maioria dos estudos sobre a utilização de hidrófitas estarem orientados para as espécies que causam maiores problemas, por exemplo, *Eichhornia, Myriophyllum, Phragmites, Salvinia* e *Typha*. As poucas referências bibliográficas indicam que *C. demersum* pode ser utilizado como forragem, na produção de biogás e como biocontrolo da poluição da água (Sterry *et al.*,1985; Gunnison & Barko, 1992; Fayed & Abd-el-Shafy, 1985; Abaychi & Al- Obaidy, 1987; El-Khatib & El-Sawaf, 1998 e Szymanowska *et al.*, 1999).

5.2.4.1.2. *Echinochloa stagnina* (Retz.) P. Beauv.

A Echinochloa stagnina (Omshoot, Amshoot) pertence à família Poaceae, é uma gramínea aquática perene de até 2,5 m de altura, ou mais alta (até 10 m) quando flutuante, com rizomas robustos, muitas vezes flutuantes; caule (caule) decumbente, muitas vezes esponjoso, enraizando e ramificando-se nos nós inferiores. As folhas são alternas, simples e inteiras. Inflorescência composta por racemos, estreitamente sobrepostos com espiguetas aos pares (McKenzie *et al.*, 1993). *E. stagnina* ocorre em toda a África tropical e também é encontrada na Ásia tropical, onde possivelmente foi introduzida. Ocasionalmente, é naturalizada noutras regiões tropicais (Bartha, 1970). No Egito encontra-se na região do Nilo, em oásis, na região mediterrânica e no deserto Ístmico (Tackholm, 1974).

Em África, esta gramínea tem uma reputação como forragem devido à sua oferta local abundante e ao seu elevado teor de açúcar; é consumida por todas as espécies de animais domésticos (Mahala *et al.*, 2012). No Egito é cultivada como erva forrageira que também é palatável em condições de seca. *A E. stagnina* é propagada por sementes, estacas de caule ou divisão de plantas.

5.2.4.1.3. *Eichhornia crassipes* (C. Mart.) Solms

Eichhornia crassipes (Jacinto-de-água) pertence à família Pontederiaceae, ordem Liliiflorae (Monocotyledoneae). Trata-se de uma planta aquática perene, que flutua livremente à superfície e que forma uma esteira, de ampla distribuição nas regiões tropicais e subtropicais (Sculthorpe, 1967; Shibata *et al.*, 1965).

No Egito, o género *Eichhornia* é representado por duas espécies que flutuam livremente: *E. crassipes* e *E. azurea* (Tackholm & Drar, 1950). *A E. azurea* foi ocasionalmente cultivada em jardins no Cairo, florescendo de junho a agosto. *A E. crassipes* é muito comum e está amplamente disseminada no Egito. As suas folhas são em roseta com pecíolos insuflados em forma de bexiga. Floresce de maio a setembro e, por vezes, o período de floração prolonga-se até dezembro. Ambas as espécies de *Eichhornia* reproduzem-se vegetativamente e por sementes (Zahran & Willis, 1992). *E. crassipes* é a pior erva daninha aquática naturalizada no Egito (Tackholm, 1974; Boulos, 1995). É designada por Nile Lily, Ward El-Nil e Water Hyacinth. Simpson (1932) relatou que *a E. crassipes* estava amplamente distribuída nos canais de água doce do Delta do Nilo e perto do Cairo e Alexandria e na água salobra dos lagos do norte: Manzala, Burullus, Idku e Mariut (Zahran & Willis, 2003).

Serag (1991) referiu que o crescimento vigoroso de *E. crassipes* aparece normalmente nos esgotos poluídos e nos canais de irrigação, mas a planta está completamente ausente da água salgada na secção norte do braço de Damietta do rio Nilo (perto do Mar Mediterrâneo). O jacinto de água cresce mal em água salobra. Serag & Khedr (1996) afirmaram que em grandes massas de água, por exemplo, no curso principal do rio Nilo (braço de Damietta), o jacinto de água forma povoamentos puramente flutuantes.

Batanouny & El-Fiky (1983) verificaram que a comunidade de jacintos de água ocorria em massas de água com quantidades muito diferentes de sais solúveis totais, variando entre 265 e 6860 ppm. Os cloretos solúveis variavam entre 24 e 2350 ppm, os sulfatos entre 12 e 484 ppm e os bicarbonatos entre 77 e 295 ppm. Os valores de pH eram alcalinos (pH = 7,2- 8,8) e a quantidade de oxigénio dissolvido variava entre zero e 12,5 ppm. Estes resultados revelam que, para além da vasta área geográfica desta planta no Egito, ela tem uma grande amplitude ecológica.

Foram publicados numerosos estudos em todo o mundo que apresentam as diversas formas de utilização do jacinto de água. Todos eles indicam o seu potencial para produzir forragem para animais, alimento humano, aditivos para o solo e para ser útil na produção de papel e fibras e no controlo da poluição da água (Ariki *et al.,* 1988; Bolenz *et al.,* 1990; Azmal *et al.,* 1996). Estudos publicados mostram que o jacinto de água também pode ser utilizado como filtro biológico para os seguintes produtos 1) Pesticidas (Shore *et al.,* 1977); 2) Herbicidas (Anderson *et al.,* 1981); 3) Contaminantes radioactivos (Gopal, 1987); 4) Ácidos fórmico, acético e oxálico (Haider *et al.,* 1984a); 5) Corantes orgânicos (Orozco, 1979); 6) Patogéneos (bactérias e vírus, por exemplo *Vibrio cholerae,* Gilman *et al.,* 1983).

5.2.4.1.4. *Myriophyllum spicatum* L.

M. spicatum é nativo da Europa, Ásia e norte de África, encontrando-se agora em todos os continentes, exceto na Austrália (Moody e Les, 2007). Tackholm (1974) escreveu que *M. spicatum* era muito raro no Egito, estando presente apenas em Nile Fayium e El-Qantara. Fayed (1985), El-Kholy, A.A. (1989) referiram que, em 1970-1980, *M. spicatum* parecia estar a invadir vigorosamente o vale do Nilo nas províncias do sul do Egito: Qena, Sohag, Assiut e Minya. No Delta do Nilo, Serag (1991), Zahran &

Willis (1992), Shaltout & El-Sheikh (1993) e Shaltout et al. (1994) não referiram a presença de M. spicatum. No entanto, Khedr e El-Demerdash (1995), Zahran & willis (2003) observaram que *M. spicatum* é muito abundante em alguns canais de irrigação e drenagem da secção oriental do Delta do Nilo. Está normalmente associado a *Ceratophyllum demersum* e *Potamogeton pectinatus.*

O Myriophyllum spicatum pertence à família Haloragidaceae. É uma planta aquática submersa, perene, com caules ramificados junto à superfície da água. Caules: ramificados e folhosos, avermelhados ou verde-azeitona quando secos. Engrossam abaixo da inflorescência, muitas vezes curvando-se para ficarem paralelos à superfície da água. Folhas submersas, semelhantes a penas, em espirais de 4; cada folha tem 1,5-4 cm de comprimento, na maioria das vezes com 14-24 pares de divisões filiformes. Inflorescência: espiga terminal, de 4-20 cm de comprimento e emergente, frequentemente cor-de-rosa. Flores: flores inferiores pistiladas, flores superiores estaminadas. A floração ocorre geralmente na primavera (março-abril), as flores são geralmente polinizadas pelo vento. *Myriophyllum spicatum* pode ser utilizado como forragem para peixes (Cross, 1969) e forragem para gado (Boyed, 1974; Dewanji et al., 1990).

5.2.4.2. Análises de elementos

Em geral, como se mostra na Tabela 9 e na Figura 17-19, as concentrações de ião ferro nos tecidos das quatro hidrófitas selecionadas são, relativamente, as mais elevadas entre as das outras 3 espécies. Por outro lado, as quantidades relativamente mais baixas são as do ião cobalto.

5.2.4.2.1. *Ceratophyllum demersum*

É óbvio, a partir dos resultados obtidos, que as concentrações de iões de ferro no tecido de *Ceratophyllum demersum* mostraram pouca variação nos três locais da área de estudo. Foram relativamente as mais elevadas, com 70,52, 70,34 e 70,3 mg/kg de peso seco, seguidas pelas de Mn, com 27,95, 27,41 e 27,59 mg/kg de peso seco para o local 1, local 2 e local 3, respetivamente. As concentrações de Zn nesta espécie foram de 18,5, 18,33 e 18,40 mg/kg de peso seco, enquanto as de Cu foram de 6,65, 6,39 e 6,45 mg/kg de peso seco para o local 1, local 2 e local 3, respetivamente.

A quantidade relativamente mais elevada de ião Pb foi determinada no local 3 (7,252 mg/kg de peso seco), seguida do local 2 (7,239 mg/kg de peso seco) e a mais baixa (7,198 mg/kg de peso seco) foi a do local 1. Por outro lado, o Cd foi de 0,31, 0,295 e 0,301 mg/kg de peso seco, enquanto o Co foi de 0,192, 0,187 e 0,189 mg/kg de peso seco para o local 1, local 2 e local 3, respetivamente. A concentração de ião Ni foi relativamente a mais baixa, sendo de 0,916, 0,905 e 0,912 para o local 1, local 2 e local 3, respetivamente.

5.2.4.2.2. *Echinochloa stagnina*

É evidente que se registaram poucas variações nas concentrações de metais pesados em *Echinochloa stagnina* dos diferentes locais. As concentrações mais elevadas dos microelementos foram as de Fe (67,85, 68,09 e 67,41 mg/kg de peso seco), seguidas pelas de Mn (22,18, 22,50 e 22,35 mg/kg de peso seco) e Zn (15,7, 15,82 e 15,91 para o local 1, local 2 e local 3, respetivamente).

As concentrações do ião Cu atingiram 4,08, 4,21 e 4,32 mg/kg de peso seco, enquanto o Pb atingiu 3,379,

4,271 e 4,293 mg/kg de peso seco e o Cd 0,082, 0,098 e 0,107 para o local 1, local 2 e local 3, respetivamente. Por outro lado, as concentrações do ião Co foram relativamente as mais baixas, sendo de 0,053, 0,059 e 0,066 mg/kg de peso seco e as do ião Ni de 0,447, 0,521 e 0,582 mg/kg de peso seco para o local 1, local 2 e local 3, respetivamente.

5.2.4.2.3. *Eichhornia crassipes*

As concentrações registadas de ião Fe (Figs. 17, 18, 19) mostraram a elevada concentração de ferro em *Eichhornia crassipes* em todos os locais. Estas foram relativamente as mais elevadas, sendo

Tabela 9. Concentrações de metais pesados (mg/kg de peso seco) em amostras de plantas recolhidas em diferentes sítios ecológicos no ramo de Damietta da área de estudo.

	Fe	Mn	Zn	Cu	Pb	Cd	Co	Ni
5) **Sítio 1** (El-Qanater El-Khayria - Benha)								
Ceratophyllum demersum L.	70.52	27.95	18.5	6.65	7.198	0.31	0.192	0.916
Echinochloa stagnina (Retz.) P. Beauv.	67.85	22.18	15.7	4.08	3.3789	0.082	0.053	0.447
Eichhornia crassipes (C. Mart.) Solms	69.65	22.93	16.24	4.87	5.27	0.096	0.063	0.618
Myriophyllum spicatum L.	69.43	26.15	17.79	5.95	6.905	0.273	0.175	0.866
6) **Sítio 2** (Benha - El-Mansoura)								
Ceratophyllum demersum L.	70.341	27.41	18.33	6.39	7.239	0.295	0.187	0.905
Echinochloa stagnina (Retz.) P. Beauv.	68.09	22.5	15.82	4.21	4.271	0.098	0.059	0.521
Eichhornia crassipes (C. Mart.) Solms	70.12	23.14	16.98	5.11	5.4	0.116	0.075	0.675
Myriophyllum spicatum L.	69.28	25.98	17.32	5.68	6.87	0.269	0.169	0.845
7) **Sítio 3** (El-Mansoura - Farskour)								
Ceratophyllum demersum L.	70.3	27.59	18.4	6.45	7.252	0.301	0.189	0.912
Echinochloa stagnina (Retz.) P. Beauv.	67.41	22.35	15.91	4.32	4.293	0.107	0.066	0.582
Eichhornia crassipes (C. Mart.) Solms	69.394	23.05	17.41	5.68	5.591	0.133	0.087	0.702
Myriophyllum spicatum L.	69.02	25.88	17.15	5.53	6.272	0.251	0.16	0.784
8) **Sítio 4** (Farskour - Ras El-Bar)								
Estes hidrófitos estão ausentes deste sítio (ver quadro 2)								

69,65, 70,12 e 69,39 mg/kg de peso seco, seguidas das concentrações de Mn de 22,93, 23,14 e 23,05 mg/kg de peso seco para o local 1, o local 2 e o local 3, respetivamente. As concentrações de Zn nesta espécie foram de 16,24, 16,98 e 17,41 mg/kg de peso seco, enquanto as de Cu foram de 4,87, 5,11 e 5,68 mg/kg de peso seco para o local 1, local 2 e local 3, respetivamente.

As quantidades relativamente mais elevadas de ião Pb foram determinadas no local 3 (5,59 mg/kg de peso seco), seguidas do local 2 (5,4 mg/kg de peso seco) e as mais baixas (5,27 mg/kg de peso seco) no local 1. Por outro lado, as concentrações de Cd foram de 0,096, 0,116 e 0,133 mg/kg de peso seco, enquanto as de ião Ni foram de 0,618, 0,675 e 0,702 mg/kg de peso seco para o local 1, local 2 e local 3, respetivamente. As concentrações do ião Co foram relativamente as mais baixas, sendo de 0,063, 0,0,075 e 0,087 para o local 1, local 2 e local 3, respetivamente.

5.2.4.2.4. *Myriophyllum spicatum*

Os dados obtidos na Tabela (9) indicam que as concentrações mais altas dos microelementos nos tecidos de *Myriophyllum spicatum* foram as de Fe (69,43, 69,28 e 69,02 mg/kg de peso seco) seguidas pelas de Mn (26,15, 25,98 e 25,88 mg/kg de peso seco) e Zn sendo 17,79, 17,32 e 17,15 para o local 1, local 2 e local 3, respetivamente.

As concentrações de iões Cu atingiram 5,95, 5,68 e 5,53 mg/kg de peso seco, enquanto o Pb atingiu 6,91, 6,87 e 6,27 mg/kg de peso seco para o local 1, local 2 e local 3, respetivamente. Por outro lado, o Cd foi de 0,273, 0,269 e 0,251 mg/kg de peso seco, enquanto o Co foi de 0,175, 0,169 e 0,16 mg/kg de peso seco para o local 1, local 2 e local 3, respetivamente. As concentrações de ião Ni foram relativamente as mais baixas, sendo de 0,866, 0,845 e 0,784 para o local 1, local 2 e local 3, respetivamente.

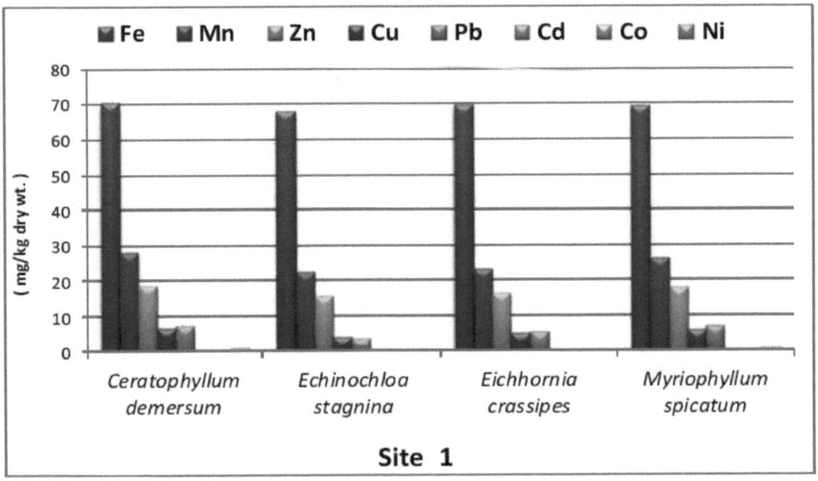

Figura 17. Variações nas concentrações de metais pesados das espécies selecionadas no local 1 do Ramal de Damietta.

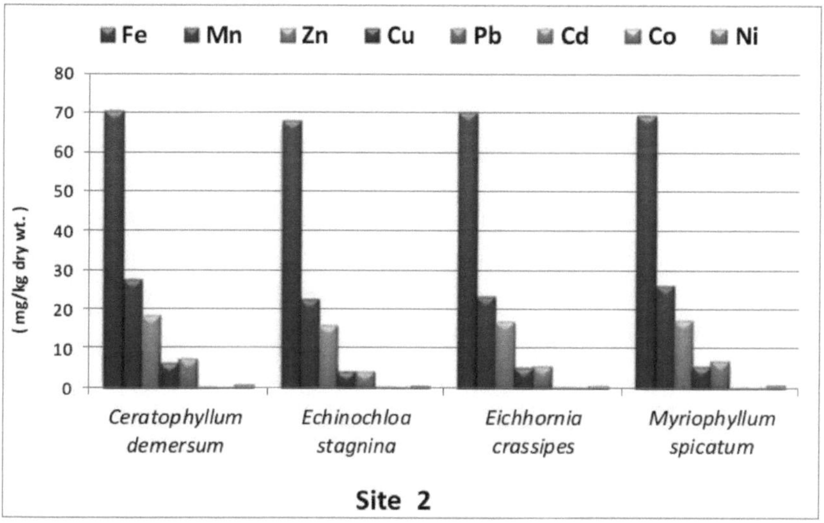

Figura 18. Variações nas concentrações de metais pesados das espécies selecionadas no local 2 do Ramal de Damietta.

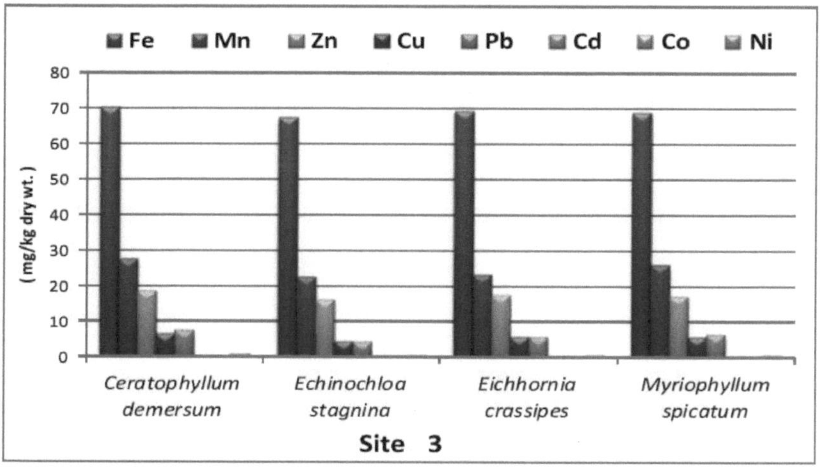

Figura 19. Variações nas concentrações de metais pesados das espécies selecionadas no local 3 do Ramal de Damietta.

5.3. Análise da vegetação

5.3.1. Classificação dos povoamentos

A aplicação da classificação TWINSPAN aos valores de importância (em 100) de 70 espécies vegetais registadas em 60 povoamentos representativos da área de estudo, levou ao reconhecimento de quatro grupos de vegetação (Figura 20). As composições vegetacionais destes grupos são apresentadas na Tabela (10).

O grupo A inclui 2 povoamentos codominados por *Phragmites australis* com o valor médio de importância mais elevado (IV = 30,33) e *Bassia indica* (espécie indicadora com IV = 24,26). As espécies importantes neste grupo incluem *Suaeda pruinosa* (IV = 15,63), *Cynanchum acutum* (IV = 11,76), *Atriplex semibaccata* (IV = 8,82). O grupo B inclui 8 povoamentos dominados por *Phragmites australis* (IV = 23,40). As espécies importantes deste grupo são *Suaedapruinosa* (IV = 14,27), *Halocnemum strobilaceum* (IV = 12,83). A espécie indicadora, identificada pela classificação TWINSPAN neste grupo, que atinge um valor relativamente baixo (IV = 4,82), é *Cynodon dactylon.*

O grupo C é constituído por 28 povoamentos codominados por *Saccharum spontaneum* (IV = 10,78) e *Phragmites australis* (IV = 10,01). As espécies mais importantes neste grupo incluem *Echinochloa stagnina* (IV = 8,10) e *Eichhornia crassipes* (IV = 7,89). Outras espécies comuns incluem *Myriophyllum spicatum*, *Ceratophyllum demersum* (IV = 4,50 cada) e *Cyperus alopecuroides* (IV = 3,88). As espécies indicadoras identificadas neste grupo atingem um IV relativamente baixo, nomeadamente *Arundo donax* (IV = 2,72) e *Chenopodium murale* (IV = 1,36). O grupo D é composto por 22 povoamentos codominados por *Saccharum spontaneum* (espécie indicadora com IV = 8,78) e *Myriophyllum spicatum* (IV = 8,81). As espécies mais importantes deste grupo incluem *Eichhornia crassipes* (IV = 7,69) e *Ceratophyllum demersum* (IV = 6,41). Outras espécies comuns são *Echinochloa stagnina* (espécie indicadora com IV = 6,84) e *Phragmites australis* (IV = 6,06).

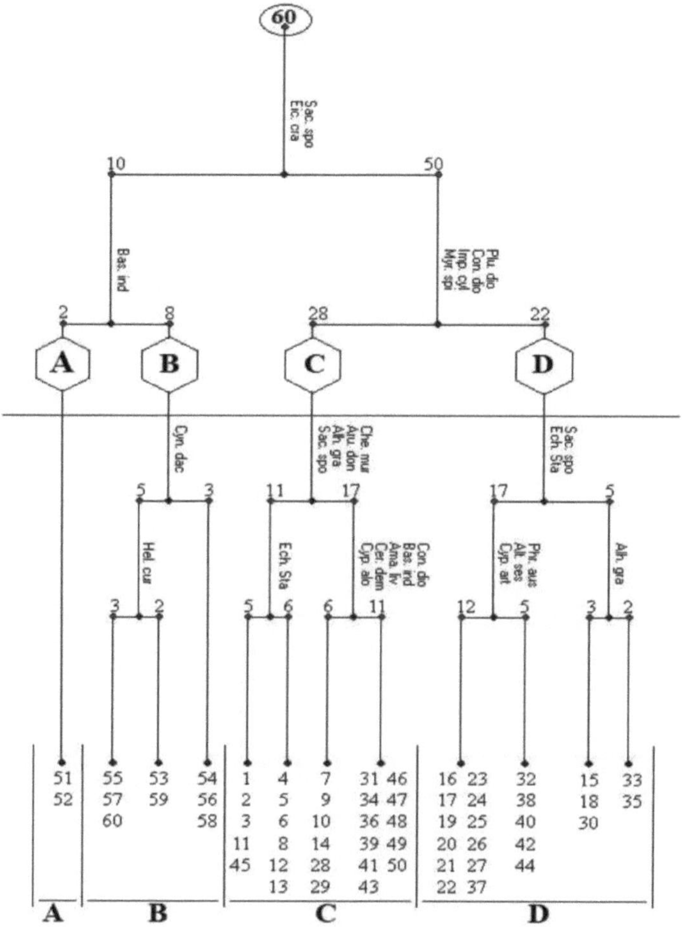

Figura 20. Dendrograma Two Way Indicator Species Analysis (TWINSPAN) dos 60 povoamentos amostrados com base nos valores de importância das 70 espécies. As espécies indicadoras são abreviadas pelas três primeiras letras dos géneros e das espécies, respetivamente.

Tabela 10. Médias e coeficiente de variação (CV) dos valores de importância (em 100) das espécies registadas nos diferentes grupos de vegetação resultantes da classificação TWINSPAN da área de estudo.

Espécies	Grupos de vegetação							
	A		B		C		D	
	Média	CV	Média	CV	Média	CV	Média	CV
Alhagi graecorum Boiss.	-	-	2.59	2.34	2.06	1.33	0.98	0.74
Alternanthera sessilis (L.) DC.	-	-	-	-	1.53	0.83	2.03	0.60
Amaranthus graecizans L.	-	-	-	-	0.13	0.20	0.39	0.31
Amaranthus lividus L.	-	-	-	-	0.56	0.62	0.12	0.13

Amaranthus viridis L.	-	-	-	-	0.16	0.26	1.84	0.68
Arthrocnemum macrostachyum (Moric.) K. Koch	-	-	6.78	3.35	-	-	-	-
Arundo donax L.	-	-	-	-	2.72	1.44	1.62	0.72
Symphyotrichum squamatum (Spren.) Nesom	2.94	2.94	-	-	0.61	0.53	0.32	0.26
Atriplex portulacoides L.	-	-	5.82	3.11	-	-	-	-
Atriplexprostrata Boucher ex DC.	-	-	-	-	0.32	0.50	-	-
Atriplex semibaccata R. Br.	8.82	8.82	-	-	-	-	-	-
Bassia indica (Wight) A. J. Scott	24.26	0.74	2.73	2.15	0.74	0.71	0.21	0.24
Bidens pilosa L.	-	-	-	-	0.30	0.34	0.87	0.42
Ceratophyllum demersum L.	-	-	-	-	4.50	1.71	7.69	1.30
Chenopodium album L.	-	-	-	-	1.42	0.77	0.72	0.39
Chenopodium ficifolium Sm.	-	-	-	-	0.09	0.14	-	-
Chenopodium murale L.	-	-	-	-	1.36	0.79	1.43	0.62
Convolvulus arvensis L.	-	-	-	-	0.31	0.34	1.54	0.50
Conyza bonariensis (L.) Cronquist	-	-	-	-	1.13	0.62	-	-
Cynanchum acutum L.	11.76	11.76	3.22	2.32	0.98	1.27	0.40	0.31
Cynodon dactylon (L.) Pers.	-	-	4.82	3.67	3.62	1.29	3.09	0.93
Cyperus alopecuroides Rottb.	-	-	-	-	3.88	1.15	3.41	0.92
Cyperus articulatus L.	-	-	-	-	0.35	0.31	1.62	0.71
Cyperus difformis L.	-	-	-	-	0.59	0.47	-	-
Cyperus laevigatus L.	-	-	-	-	0.28	0.34	0.14	0.16
Cyperus papyrus L.	-	-	-	-	0.13	0.21	0.26	0.30
Cyperus rotundus L.	-	-	-	-	0.91	0.68	0.72	0.47
Datura stramonium L.	-	-	-	-	0.18	0.29	-	-
Echinochloa crusgalli (L.) P. Beauv.	-	-	-	-	0.13	0.21	0.31	0.25
Echinochloa stagnina (Retz.) P. Beauv.	-	-	-	-	8.10	1.85	6.84	1.28
Ecliptaprostrata (L.) L.	-	-	-	-	1.55	0.77	1.28	0.51
Eichhornia crassipes (C. Mart.) Solms.	-	-	-	-	7.89	1.53	7.73	1.16
Ethulia conyzoides L.f.	-	-	-	-	-	-	0.44	0.40
Halocnemum strobilaceum (Pall.) M. Bieb.	-	-	12.83	3.14	-	-	-	-
Heliotropium curassavicum L.	-	-	2.35	1.52	-	-	-	-
Imperata cylindrica (L.) Raeusch.	-	-	-	-	3.61	1.41	0.17	0.20
Ipomoea carnea Jacq.	-	-	-	-	1.13	0.69	2.29	0.73
Ludwigia stolonifera (Guill. &Perr.) Raven	-	-	-	-	1.94	0.98	0.96	0.48

Lemna gibba L.	-	-	-	-	0.56	0.59	1.56	1.03
Lemna minor L.	-	-	-	-	0.23	0.37	1.04	0.69
Leersia hexandra Sw.	-	-	-	-	0.20	0.22	0.41	0.32
Malva parviflora L.	-	-	-	-	0.11	0.17	0.13	0.15
Mesembryanthemum nodiflorum L.	-	-	4.16	3.05	-	-	-	-
Myriophyllum spicatum L.	-	-	-	-	4.51	1.86	8.81	1.48
Oxalis corniculata L.	-	-	-	-	-	-	0.38	0.33
Panicum repens L.	-	-	-	-	-	-	0.55	0.45
Pennisetum setaceum (Forssk.) chiov.	-	-	-	-	0.13	0.21	0.13	0.15
Persicaria lanígera (R. Br.) Sojak	-	-	-	-	0.18	0.29	0.41	0.47
Persicaria lapathifolia (L.) Gray	-	-	-	-	3.02	1.17	2.36	0.75
Persicaria salicifolia (Brouss.ex Willd.) Assenov	-	-	-	-	3.45	1.13	3.94	0.75
Phoenix dactylifera L.	-	-	3.39	2.63	-	-	-	-
Phragmites australis (Cav.) Trin. ex Steud.	30.33	0.92	23.40	3.47	10.01	1.59	6.06	1.25
Phyla nodiflora (L.) Greene	-	-	-	-	-	-	0.36	0.28
Pistia stratiotes L.	-	-	-	-	0.44	0.50	1.06	0.86
Pluchea dioscoridis (L.) DC.	-	-	7.08	2.72	2.82	1.10	2.86	0.79
Portulaca oleracea L.	-	-	-	-	0.56	0.50	1.59	0.61
Potamogeton nodosus Poir.	-	-	-	-	-	-	2.38	0.97
Potamogetonperfoliatus L.	-	-	-	-	1.45	1.34	-	-
Ranunculus sceleratus L.	-	-	-	-	0.52	0.44	0.64	0.44
Ricinus communis L.	-	-	-	-	0.12	0.18	0.47	0.29
Rumex dentatus L.	-	-	-	-	1.34	0.74	0.41	0.33
Saccharum spontaneum L.	-	-	-	-	10.78	2.14	8.78	1.74
Senecio aegyptius L.	-	-	-	-	-	-	0.11	0.12
Solanum nigrum L.	-	-	-	-	1.41	0.77	1.48	0.57
Sonchus oleraceus L.	-	-	-	-	0.20	0.23	1.39	0.55
Suaeda pruinosa Lange	15.63	15.63	14.27	5.75	0.17	0.19	-	-
Tamarix nilotica (Ehrenb.) Bunge	6.25	6.25	2.55	1.77	0.58	0.56	0.53	0.44
Typha domingensis (Pers.) Poir. ex Steud.	-	-	-	-	2.42	1.08	1.40	0.89
Urtica urens L.	-	-	-	-	-	-	0.36	0.28
Verónica anagallis-aquatica L.	-	-	-	-	0.58	0.47	-	-

5.3.2. Ordenação de bancas

A ordenação dos povoamentos inquiridos no presente estudo, dada pela Análise de Correspondência

Detrended (DCA), é apresentada na Figura (21). A ordenação DCA dos povoamentos é indicada no plano do primeiro e segundo eixos DCA. É óbvio que os grupos de vegetação produzidos pela classificação TWINSPAN são marcadamente distinguíveis e têm um padrão claro de segregação no plano de ordenação.

O grupo A (2 povoamentos), co-dominado por *Phragmites australis* e *Bassia indica*, está separado na parte inferior do lado direito do diagrama DCA. No entanto, o grupo B (8 povoamentos) dominado por *Phragmites australis* está separado na parte central do lado inferior do diagrama DCA. O grupo C (28 povoamentos), codominado por *Saccharum spontaneum* e *Phragmites australis*, está segregado na parte superior do lado esquerdo do diagrama DCA. Por outro lado, o grupo D (22 povoamentos), codominado por *Saccharum spontaneum* e *Myriophyllum spicatum*, está segregado na parte superior do lado direito do diagrama DCA.

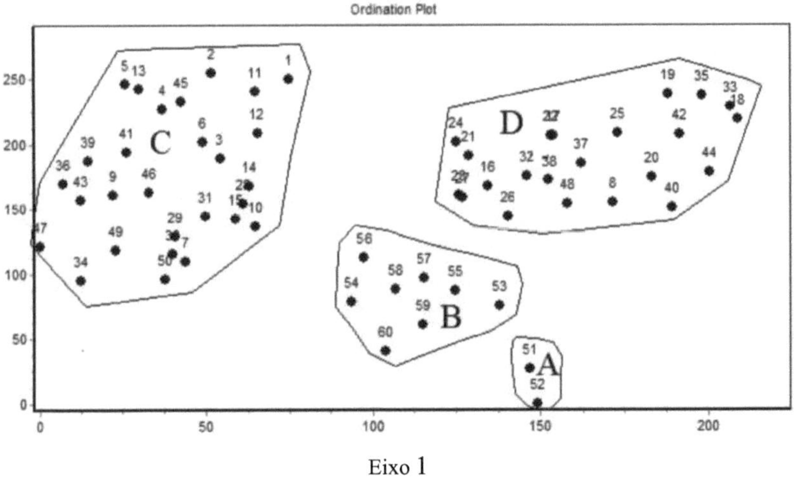

Figura 21. Análise de Correspondência Detrended (DCA) ordenação dos 60 povoamentos com grupos de vegetação.

5.3.3. Relações entre vegetação e ambiente

5.3.3.1. Variação nas Variáveis Hidrossolares dos Grupos de Vegetação

As variáveis hidrológicas dos quatro grupos de povoamentos derivados da classificação TWINSPAN são apresentadas na Tabela (11). As caraterísticas da maior parte do solo hidromórfico mostraram pouca variação entre os diferentes grupos de povoamentos. A textura do solo em todos os grupos é formada principalmente por fracções grosseiras (areia) e parcialmente por fracções finas (silte e argila). O valor médio da capacidade de retenção de água é relativamente elevado (55,65%) no grupo A e baixo (43,68%) no grupo B. Os valores médios mais elevados de carbono orgânico (1,26%) e de teores de bicarbonato (0,18%) no grupo A, atingiram o valor médio mais baixo (0,68% e 0,09%, respetivamente) no grupo D. Os valores de pH indicaram que a reação do solo foi ligeiramente alcalina em todos os grupos de vegetação, onde variou entre 7,98 e 8,35. É evidente que os valores médios mais elevados de condutividade eléctrica (1880,25 µmhos/cm), carbonato de cálcio (4,65%), cloreto (0,28%), sulfato (0,39%) e potássio (32,25 mg/100 g de solo seco) foram atingidos no grupo B, no entanto, os valores médios mais baixos destes parâmetros (380.18 pmhos/cm, 3,10%, 1,24 %, 0,05 % e 0,11 %, respetivamente) foram atingidos no grupo D, à exceção da CE que foi atingida no grupo C e do carbonato de cálcio no grupo A. Os valores médios mais elevados de azoto total (3,68 mg/100g de solo seco) e fósforo total (0.30 mg/100 g de solo seco) no grupo D, enquanto os valores médios mais baixos (1,56 e 0,13 mg/100g de solo seco, respetivamente) são atingidos no grupo A. A concentração dos catiões sódio, potássio e magnésio atingiu a sua média máxima (222,5, 75,63 e 53,50 mg/100 g de solo seco) no grupo A e a média mínima (41.72, 10,29 e 21,59 mg/100 g de solo seco) no grupo D, exceto o catião magnésio no grupo C. Os valores médios mais elevados de SAR e PAR (34,26 e 11,56, respetivamente) são atingidos no grupo A, enquanto os seus valores mais baixos (11,54 e 2,65, respetivamente) são atingidos no grupo D.

O coeficiente de correlação (r) entre as diferentes variáveis hidrossolares nos povoamentos amostrados é apresentado na Tabela (12). As variáveis do hidrossolo significativamente correlacionadas entre si foram a fração fina (silte), a capacidade de retenção de água, o carbonato de cálcio, o carbono orgânico, o pH, a CE, o bicarbonato, o fósforo e o azoto totais, o sódio e o potássio. Os outros hidrossolos não apresentaram correlações com nenhuma variável, nomeadamente argila, sulfato, cálcio e magnésio.

Tabela 11. Médias e erros padrão das diferentes variáveis hidrológicas nos povoamentos representativos dos diferentes grupos de vegetação obtidos pela classificação TWINSPAN na área de estudo.

Hydrosoil variable		Vegetation group			
		A	B	C	D
Sand	%	87±4	92.55±1.39	88.06±0.95	87.19±0.73
Silt	%	11.75±3.75	5.70±1.21	10.38±0.89	10.98±0.70
Clay	%	1.25±0.25	1.75±0.29	1.56±0.12	1.83±0.13
WHC	%	55.65±0.55	43.68±3.52	53.33±2.36	50.55±2.95
pH		8.29±0.09	7.98±0.14	8.35±0.09	8.34±0.08
EC (µmhos/cm)		1171±94	1880.25±782.72	380.18±48.48	474.11±56.95
$CaCO_3$	%	3.10±0.4	4.65±0.89	4.01±0.45	3.99±0.62
OC	%	1.26±0.6	1.03±0.35	0.88±0.10	0.68±0.18
Cl^-	%	0.17±0.07	0.28±0.18	0.06±0.01	0.05±0.01
SO_4^{--}	%	0.19±0.05	0.39±0.21	0.20±0.03	0.11±0.05
CO_3^{--}	%	0.0±0.0	0.0±0.0	0.0±0.0	0.0±0.0
HCO_3^-	%	0.18±0.09	0.11±0.02	0.11±0.01	0.09±0.02
TP	(mg/100g dry soil)	1.56±0.13	2.91±0.59	2.70±0.36	3.68±0.45
TN	(mg/100g dry soil)	0.13±0.05	0.26±0.04	0.24±0.02	0.30±0.03
Na^+	(mg/100g dry soil)	222.5±96.5	111.02±15.85	60.46±7.66	41.72±5.67
K^+	(mg/100g dry soil)	75.63±45.08	32.29±9.30	20.98±2.99	10.29±2.59
Ca^{++}	(mg/100g dry soil)	28.30±12.7	67.11±21.30	28.80±4.67	17.19±3.05
Mg^{++}	(mg/100g dry soil)	53.50±19.5	28.98±7.91	21.59±3.20	22.70±7.50
SAR		34.26±13.68	17.64±2.35	13.49±1.66	11.54±1.58
PAR		11.56±6.57	4.51±1.13	4.05±0.47	2.65±0.65

Tabela 12. Correlação de Pearson (r) entre as variáveis do hidrossolo nos diferentes locais ecológicos do braço Damettia do rio Nilo, Egito.

	Sand	Silt	Clay	WHC	$CaCO_3$	OC	pH	EC	Cl^-	SO_4^{--}	HCO_3^-	TP	TN	Na^+	K^+	Ca^{++}	Mg^{++}	SAR	PAR
Sand	1																		
Silt	-0.991**	1																	
Clay	-0.461**	0.398**	1																
WHC	-0.314*	0.321*	0.075	1															
$CaCO_3$	0.013	-0.032	0.114	0.528**	1														
OC	0.117	-0.114	-0.068	0.216	0.359**	1													
pH	-0.018	0.025	-0.098	-0.295*	-0.355**	-0.300*	1												
EC	0.169	-0.195	0.104	-0.126	0.004	0.267*	-0.25	1											
Cl^-	0.228	-0.224	-0.117	-0.05	0.092	0.390**	-0.337**	0.828**	1										
SO_4^{--}	0.215	-0.211	-0.113	0.259*	0.393**	0.516**	-0.440**	0.571**	0.760**	1									
HCO_3^-	0.22	-0.23	-0.021	0.502**	0.425**	0.291*	-0.276*	-0.018	-0.098	0.156	1								
TP	-0.284*	0.284*	0.115	-0.436**	-0.488**	-0.422**	0.245	0.191	0.063	-0.306*	-0.581**	1							
TN	-0.272*	0.278*	0.067	-0.244	-0.390**	-0.424**	0.207	0.267*	0.182	-0.138	-0.550**	0.806**	1						
Na^+	0.238	-0.232	-0.098	-0.017	0.064	0.345**	-0.17	0.290*	0.194	0.134	0.416**	-0.307*	-0.348**	1					
K^+	0.195	-0.184	-0.154	0.181	0.095	0.350**	-0.238	-0.019	-0.029	0.06	0.466**	-0.489**	-0.459**	0.692**	1				
Ca^{++}	0.108	-0.121	0.045	0.151	0.449**	0.223	-0.364**	-0.073	-0.064	0.096	0.191	-0.379**	-0.400**	0.25	0.413**	1			
Mg^{++}	0.056	-0.055	-0.032	0.483**	0.260*	0.319*	-0.258*	0.135	0.246	0.327*	0.393**	-0.476**	-0.298*	0.314*	0.417**	0.181	1		
SAR	0.16	-0.157	-0.079	-0.222	-0.178	0.299*	0.078	0.264*	0.119	-0.038	0.221	-0.069	-0.151	0.841**	0.420**	-0.125	-0.011	1	
PAR	0.178	-0.164	-0.163	0.15	0.023	0.406**	-0.122	-0.034	-0.066	-0.009	0.473**	-0.429**	-0.405**	0.647**	0.907**	0.162	0.24	0.573**	1

Abbreviations:

EC = Electrical conductivity
W.H.C. = Water holding capacity
O.C. = Organic carbon
TP = Total phosphorus
TN = Total nitrogen
SAR = Sodium adsorption ratio
PAR = Potassium adsorption ratio
* = Significant at $p \leq 0.05$
** = Significant at $p \leq 0.01$

5.3.3.2. Variações nas Variáveis Hídricas dos Grupos de Vegetação

As variáveis da água dos quatro grupos de vegetação identificados são apresentadas na Tabela (13). As profundidades em todos os grupos variaram entre 175,45 cm no grupo C e 222,5 cm no grupo B. Os valores médios da temperatura da água foram relativamente elevados (30,35 °C, 30,13 °C) nos grupos D e C e baixos (22,50 °C, 22,50 °C) nos grupos A e B. Os valores de pH indicaram que a reação da água era também ligeiramente alcalina em todos os grupos, variando entre 7,60 (grupo A) e 8,03 (grupo C). Os valores médios de oxigénio exaurido e oxigénio dissolvido variaram entre 13,59% e 5,51 mg/l no grupo B e 22,92% e 9,39 mg/l no grupo C, respetivamente.

Os teores de CBO e CQO atingiram os valores médios mais elevados (22,28 e 57,40 mg/l) no grupo D e no grupo B. Os valores mais baixos de CBO (10,54 mg/l) foram obtidos no grupo B e os de CQO (5,95 mg/l) no grupo A. Verificou-se também que as médias mais elevadas de condutividade eléctrica (3856,5 µmhos/cm), cloreto (6688,93mg/l), bicarbonatos (4350,69mg/l) e carbonato de cálcio (195,24mg/l) foram atingidas no grupo B. Por outro lado, as médias mínimas destas variáveis (377,36 µmohs/cm, 1210,37 mg/l, 781,65 mg/l e 182,60 mg/l, respetivamente) foram atingidas nos grupos C para CE e CaCO3 e para Cl e bicarbonato no grupo D e para carbonato de cálcio no grupo A. Os valores médios mais elevados de azoto total (1,05 mg/l), fósforo total (0.93 mg/l) e sulfato (4414,83mg/l) foram atingidos no grupo C. Os valores médios mais baixos de azoto total (0,10mg/l) e fósforo total (0,60mg/l) foram atingidos no grupo A, mas o de sulfato (2140,78 mg/l) foi atingido no grupo D. É também evidente que os valores médios mais elevados de sódio (4480,45 mg/l), potássio (524.11mg/l), magnésio (460,70 mg/l), cálcio (1155,05 mg/l) e (SAR (206,12) e PAR (7,98) foram atingidos no grupo B, enquanto que as médias mínimas da maioria destas variáveis (311,59mg/l, 33,05 mg/, 33,95 mg/l, 58,61 mg/l, 33,91 e 4,16 respetivamente) foram atingidas no grupo C, tendo o cálcio sido determinado no grupo D.

O coeficiente de correlação (r) entre as diferentes variáveis hídricas nos povoamentos amostrados é apresentado na Tabela (14). Verificou-se que a maioria das variáveis da água estavam significativamente correlacionadas entre si, nomeadamente Temperatura, cloreto, pH, CE, oxigénio dissolvido, CQO, sódio, potássio, cálcio, magnésio, sódio e

Tabela 13. Médias e erros padrão das diferentes variáveis hídricas nos povoamentos representativos dos diferentes grupos de vegetação obtidos pela classificação TWINSPAN na área de estudo.

Soil variable		Vegetation group			
		A	B	C	D
Depth (cm)		191.25±4.25	222.5±15.43	175.45±5.09	176.9318±5.86
Temp. (°C)		22.50±0.4	22.64±0.40	30.13±0.31	30.35±0.43
pH		7.60±0.0	7.65±0.04	8.03±0.06	7.99±0.09
EC (µmhos/cm)		2690±250	3856.5±439.80	377.36±24.18	444.95±16.50
O_2 %		19.25±2.15	13.59±1.28	22.92±1.01	19.45±1.25
DO		8.00±0.8	5.51±0.53	9.39±0.40	8.45±0.44
BOD		17.05±1.95	10.54±2.14	12.64±1.92	22.28±1.97
COD		5.95±0.55	9.30±0.70	27.80±4.48	57.40±6.08
Cl^-		5633.9±720.4	6688.93±434.71	1221.60±145.69	1210.37±180.04
SO_4		2647.20±36	4060.45±303.97	4414.83±628.58	2140.78±852.57
CO_3^{--}		0±0.0	0±0.0	0±0.0	0±0.0
HCO_3^-	mg/l	3336.70±329.40	4350.69±297.83	910.27±115.95	781.65±94.27
$CaCO_3$		182.60±1	195.24±9.32	188.06±7.19	186.49±6.40
T.N		0.10±0.0	0.30±0.12	1.05±0.09	0.93±0.10
T.P		0.60±0.0	0.83±0.05	0.93±0.08	0.93±0.05
Na^+		4013.50±397.9	4480.45±368.01	311.59±59.26	545.42±54.03
K^+		462.15±37.05	524.11±43.01	33.05±5.65	58.64±5.59
Ca^{++}		1036.00±114	1155.05±94.78	79.08±15.05	58.61±17.88
Mg^{++}		370.20±12.6	460.70±50.32	33.95±5.64	61.79±6.42
SAR		151.10±8.2	157.11±5.82	33.91±4.85	51.19±3.92
PAR		17.40±0.6	18.36±0.66	4.16±0.49	5.91±0.46

Tabela 14. Correlação de Pearson-moment (r) entre as variáveis da água nos diferentes locais ecológicos no braço Damettia do rio Nilo, Egito.

	Depth	Temp	pH	EC	DO	O_2	BOD	COD	Cl^-	SO_4^{--}	HCO_3^-	$CaCO_3$	TN	TP	Na^+	K^+	Ca^{++}	Mg^{++}	SAR	PAR
Depth	1																			
Temp	-0.322*	1																		
pH	-0.026	0.575**	1																	
EC	0.416**	-0.803**	-0.337**	1																
DO	-0.128	0.293*	0.326*	-0.492**	1															
O_2	-0.06	0.363**	0.25	-0.460**	0.842**	1														
BOD	-0.154	0.199	0.197	-0.203	0.012	-0.058	1													
COD	-0.196	0.369**	0.241	-0.341**	0.116	0.015	0.837**	1												
Cl^-	0.288*	-0.770**	-0.351**	0.865**	-0.486**	-0.421**	-0.052	-0.269*	1											
SO_4^{--}	-0.323*	-0.098	-0.209	0.029	-0.17	-0.157	0.07	0.111	0.215	1										
HCO_3^-	0.286*	-0.780**	-0.337**	0.839**	-0.476**	-0.454**	-0.023	-0.256*	0.953**	0.295*	1									
$CaCO_3$	-0.057	0.061	0.259*	0.06	-0.144	-0.2	0.361**	0.101	0.22	0.154	0.300*	1								
TN	-0.125	0.497**	0.364**	-0.519**	0.194	0.156	-0.023	0.269*	-0.452**	0.099	-0.472**	-0.172	1							
TP	-0.143	0.187	0.299*	-0.071	0.068	-0.067	0.04	0.16	-0.063	0.016	-0.058	0.276*	0.204	1						
Na^+	0.383**	-0.817**	-0.348**	0.905**	-0.438**	-0.411**	-0.143	-0.368**	0.919**	-0.056	0.898**	0.128	-0.531**	-0.109	1					
K^+	0.389**	-0.818**	-0.368**	0.901**	-0.461**	-0.415**	-0.147	-0.372**	0.929**	-0.035	0.901**	0.125	-0.522**	-0.125	0.996**	1				
Ca^{++}	0.373**	-0.810**	-0.341**	0.893**	-0.442**	-0.390**	-0.192	-0.436**	0.924**	0.03	0.910**	0.157	-0.519**	-0.112	0.988**	0.991**	1			
Mg^{++}	0.371**	-0.799**	-0.346**	0.878**	-0.451**	-0.415**	-0.14	-0.357**	0.904**	-0.048	0.884**	0.139	-0.513**	-0.102	0.990**	0.993**	0.982**	1		
SAR	0.385**	-0.736**	-0.221	0.866**	-0.385**	-0.414**	-0.037	-.293(*)	0.842**	-0.221	0.822**	0.216	-0.509**	-0.028	0.951**	0.933**	0.919**	0.926**	1	
PAR	0.350**	-0.731**	-0.272*	0.856**	-0.492**	-0.416**	-0.043	-.281(*)	0.925**	-0.097	0.832**	0.18	-0.468**	-0.061	0.929**	0.942**	0.921**	0.921**	0.908**	1

Abbreviations:

EC = Electrical conductivity
DO = Dissolved oxygen
O_2 = Oxygen saturation
BOD = Biological oxygen demands
COD = Chemical oxygen demands

TP = Total phosphorus
TN = Total nitrogen
SAR = Sodium adsorption ratio
PAR = Potassium adsorption ratio

* = Significant at $p \leq 0.05$
** = Significant at $p \leq 0.01$

rácios de adsorção de potássio. O sulfato, o carbonato de cálcio, a CBO e o fósforo total não têm correlações com quaisquer outras caraterísticas da água.

5.3.3.3. Variações nos Metais Pesados dos Grupos de Vegetação

Os metais pesados constituintes dos hidrossolos e da água dos quatro grupos de vegetação derivados da classificação TWINSPAN são apresentados no Quadro (15). A maioria dos metais pesados apresentou variações estreitas entre os diferentes grupos de vegetação. Os valores médios de Fe, Mn, Zn e Cu nos hidrossolos foram relativamente elevados (22,91, 10,87, 3,30 e 2,84 mg/ kg de solo seco) no grupo D e baixos (20,75, 10,46, 2,33 e 2,43 mg/kg de solo seco) no grupo B para Fe, Zn e Cu, tendo o Mn sido baixo no grupo C. As concentrações de chumbo atingiram a sua média máxima (3,84 mg/kg de solo seco) no grupo A e a média mínima (2.68 mg/kg de solo seco) no grupo B, enquanto que o ião níquel atingiu o valor médio mais elevado (1,71 mg/kg de solo seco) no grupo D. Os valores médios mais elevados de Cd (0,49 mg/kg de solo seco) e Co (0,72 mg/kg de solo seco) registaram-se no grupo B, mas atingiram os valores médios mais baixos (0,07 e 0,21 mg/kg de solo seco, respetivamente) no grupo A.

Por outro lado, as concentrações dos metais pesados da água nos quatro grupos de vegetação derivados da classificação TWINSPAN foram geralmente mais baixas do que as dos hidrossolos. As concentrações dos iões ferro e manganês atingiram as suas médias mais elevadas (0,34 e 0,16 mg/l) nos grupos A e B, enquanto as médias mais baixas foram as do ferro (0,22 mg/l) no grupo D e do manganês (0,09 mg/l) no grupo C. Os valores médios mais elevados de Zn (0.Os valores médios mais elevados de Zn (0,07 mg/l) foram registados nos grupos C e D, que atingiram o valor médio mais baixo (0,01 mg/l) no grupo A. Os valores médios de Cu, Pb, Ni, Cd e Co nas amostras de água foram relativamente baixos (0,05, 0,09, 0,03,

0,05 e 0,06 mg/l) no grupo A e nos grupos C e D baixos (0,03, 0,05, 0,02, 0,02 e 0,03 mg/l).

O coeficiente de correlação (r) entre as diferentes concentrações de metais pesados nos povoamentos amostrados é apresentado na Tabela (16). Verificou-se que a maioria dos hidrossolos estava significativamente correlacionada entre si, como o Fe, o Mn, o Zn e o Cu. Além disso, as concentrações de metais pesados nas amostras de água foram significativamente correlacionadas entre si, como Fe, Mn, Cu e Pb, exceto o Zn, que não tem correlações com quaisquer outros metais pesados (Quadro 16).

Tabela 15. Médias e erros padrão dos diferentes metais pesados no hidrossolo e na água dos grupos de vegetação obtidos pela classificação TWINSPAN na área de estudo.

Metais pesados		**Grupos de vegetação**			
		A	**B**	**C**	**D**
Hidrossolo					
Fe	(mg/ kg de solo seco)	20.97±0.560	20.75±0.625	22.13±0.524	22.91±0.457
Mn		10.73±0.255	10.48±0.415	10.46±0.219	10.87±0.220
Zn		2.99±0.190	2.33±0.282	2.98±0.135	3.30±0.132
Cu		2.54±0.015	2.43±0.270	2.60±0.143	2.84±0.126
Pb		3.84±0.144	2.68±0.268	3.10±0.113	3.19±0.112
Ni		1.19±0.023	1.25±0.180	1.51±0.104	1.71±0.076
Cd		0.07±0.005	0.49±0.173	0.43±0.059	0.27±0.044
Co		0.21±0.084	0.72±0.124	0.47±0.059	0.50±0.049
Água					
Fe	(mg/l)	0.34±0.009	0.34±0.014	0.23±0.009	0.22±0.008
Mn		0.16±0.007	0.16±0.009	0.09±0.009	0.10±0.010
Zn		0.01±0.001	0.02±0.004	0.07±0.004	0.07±0.004
Cu		0.05±0.002	0.04±0.005	0.04±0.003	0.03±0.003
Pb		0.09±0.004	0.08±0.006	0.06±0.003	0.05±0.003
Ni		0.03±0.002	0.02±0.005	0.02±0.001	0.02±0.003
Cd		0.05±0.003	0.03±0.009	0.02±0.002	0.02±0.002
Co		0.06±0.001	0.05±0.005	0.03±0.002	0.03±0.002

Tabela 16. Correlação de Pearson (r) entre os metais pesados em amostras de hidrossolo e água nos diferentes locais ecológicos do braço Damettia do rio Nilo, Egito.

Heavy metals		Soil								Water							
		Fe	Mn	Zn	Cu	Pb	Ni	Cd	Co	Fe	Mn	Zn	Cu	Pb	Ni	Cd	Co
Soil	Fe	1															
	Mn	0.897**	1														
	Zn	0.765**	0.787**	1													
	Cu	0.731**	0.779**	0.821**	1												
	Pb	0.622**	0.683**	0.777**	0.772**	1											
	Ni	0.552**	0.590**	0.797**	0.780**	0.717**	1										
	Cd	-0.161	-0.267*	-0.255*	-0.085	-0.192	-0.069	1									
	Co	0.177	0.188	0.216	0.409**	0.246	0.437**	0.481**	1								
Water	Fe	-0.219	0.029	-0.215	0.069	0.029	-0.14	-0.051	0.108	1							
	Mn	-0.041	0.117	0.078	0.233	0.124	0.022	-0.289*	0.147	0.538**	1						
	Zn	0.096	-0.007	0.254*	0.155	0.114	0.208	-0.152	-0.25	-0.237	-0.17	1					
	Cu	-0.044	0.007	-0.153	-0.197	0.083	-0.116	0.163	0.13	0.19	-0.092	-0.399**	1				
	Pb	-0.152	0.048	-0.131	-0.008	0.09	-0.082	-0.03	0.106	0.795**	0.461**	-0.185	0.569**	1			
	Ni	0.02	0.104	-0.032	0.005	0.158	0.027	0.021	-0.048	0.227	-0.103	-0.211	0.689**	0.363**	1		
	Cd	0.009	0.177	0.071	0.04	0.139	-0.032	0.451**	-0.278*	0.493**	0.433**	-0.021	0.388**	0.732**	0.453**	1	
	Co	-0.095	0.103	-0.11	0.017	0.046	-0.127	-0.135	-0.008	0.753**	0.470**	-0.225	0.510**	0.908**	0.455**	0.820**	1

* = Significant at $p \leq 0.05$, ** = Significant at $p \leq 0.01$

5.3.3.4. Correlação entre as variáveis do solo e os grupos de vegetação

A correlação entre as caraterísticas da vegetação e do hidrossolo é mostrada no diagrama de ordenação produzido pela Análise de Correspondência Canónica (CCA) do biplot espécie-ambiente (Fig. 22). O comprimento e a direção de uma seta que representa uma determinada variável ambiental fornecem uma indicação da importância e da direção do gradiente das alterações ambientais, para essa variável, no local de amostragem medido. O ângulo entre uma seta e cada eixo é um reflexo do seu grau de correlação com o eixo. Ao deixar cair uma perpendicular à seta a partir de cada "ponto de espécie", é fornecida uma indicação da posição relativa das espécies ao longo do gradiente ambiental (Fig. 22).

Como se mostra na Figura (22), é evidente que as concentrações de sódio, as percentagens de SAR, a capacidade de retenção de água, o fósforo total, os bicarbonatos e os sulfatos foram as variáveis hidrossolares mais eficazes, tendo mostrado correlações significativas com o primeiro e segundo eixos do diagrama de ordenação CCA. As espécies dominantes e abundantes do grupo A *(Phragmites australis, Bassia indica* e *Cynanchum acutum*) estão separadas no lado superior direito do diagrama CCA-biplot. Estas espécies mostraram uma relação estreita com a argila. *Phragmites australis,* a espécie dominante, e as espécies abundantes (*Suaeda pruinosa, Halocnemum strobilaceum*) no grupo B estão separadas no lado direito da CCA do diagrama de biplot e mostraram uma relação distinta com as fracções do solo (argila e silte), fósforo total, azoto e pH. No grupo C, no entanto, as espécies codominantes (*Saccharum spontaneum, Phragmites australis*) e abundantes (*Echinochloa stagnina* e *Eichhornia crassipes*) estão separadas no lado superior do diagrama CCA-biplot. Estas espécies apresentaram uma relação estreita com a concentração de sódio, as percentagens de SAR, a capacidade de retenção de água, os bicarbonatos e os sulfatos. Por outro lado, as espécies codominantes (*Saccharum spontaneum* e *Myriophyllum spicatum*) e as espécies mais importantes (*Ceratophyllum demersum* e *Eichhornia crassipes*) do grupo D estão separadas no lado esquerdo do diagrama. Estas espécies mostraram uma relação estreita com o sódio, a SAR, a capacidade de retenção de água, os bicarbonatos, os sulfatos, o magnésio e os cloretos. As espécies menos importantes estão obviamente segregadas na posição inferior do lado direito do diagrama CCA-biplot.

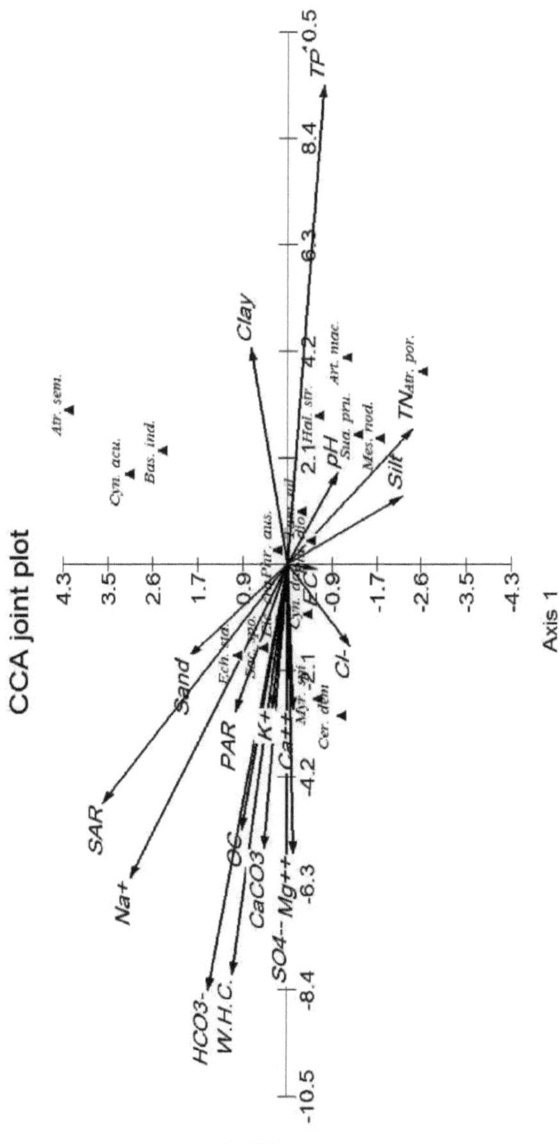

Figura 22. Diagrama de ordenação da Análise de Correspondência Canónica (CCA) com as variáveis do

hidrossolo representadas por setas. As espécies indicadoras e preferenciais são abreviadas com as três primeiras letras de cada um dos géneros e espécies.

5.3.3.5. Correlação entre as variáveis hídricas e os grupos de vegetação

A correlação entre a vegetação e as variáveis hídricas é apresentada na Figura (23). É óbvio que os cloretos, o fósforo total, o sódio, a SAR, o potássio, o PAR, o magnésio, os sulfatos, a condutividade eléctrica e o cálcio são as variáveis hídricas mais importantes que apresentaram correlações significativas elevadas com o primeiro e o segundo eixos do diagrama CCA-biplot.

Phragmites australis , a espécie codominante em todos os grupos de vegetação, exceto no grupo D, *Cynanchum acutum* (espécie importante no grupo A), *Suaeda pruinosa, Halocnemum strobilaceum* (espécie importante no grupo B) e *Echinochloa stagnina* (espécie abundante no grupo C) estão coletivamente separadas no lado direito do diagrama. Estas espécies mostraram uma relação estreita com o cloreto, o sódio, o magnésio, o potássio, o PAR, o SAR, o fósforo total, o cloreto, a COD e a BOD. No entanto, *Bassia indica* , a espécie codominante nos grupos A, *Saccharum spontaneum* , a espécie codominante nos grupos C e D, *Cynodon dactylon* , a espécie indicadora no grupo A, *Myriophyllum spicatum* , a espécie codominante e mais importante (*Ceratophyllum demersum* e *Eichhornia crassipes*) no grupo D estão coletivamente segregadas no lado esquerdo do diagrama. Estas espécies mostraram uma forte relação com o sulfato, o valor do pH e a temperatura. Por outro lado, numerosas espécies menos importantes estão obviamente segregadas no lado direito do diagrama, quer nas posições superiores quer nas inferiores do diagrama CCA-biplot.

5.3.3.6. Correlação entre os metais pesados e os grupos de vegetação

A correlação entre a vegetação e os metais pesados é apresentada na Figura (24). É óbvio que o Co, Zn, Ni, Pb e Cd no hidrossolo e o Co, Ni e Fe nas amostras de água foram os metais pesados mais importantes, pois apresentaram correlações significativas muito elevadas com o primeiro e segundo eixos do diagrama CCA-biplot.

Phragmites australis, a espécie codominante em todos os grupos de vegetação, exceto no grupo D, *Cynanchum acutum* (espécie importante no grupo A), *Suaeda pruinosa*, *Halocnemum strobilaceum* (espécie importante no grupo B) e *Echinochloa stagnina* (espécie abundante no grupo C) foram separadas coletivamente no lado direito da

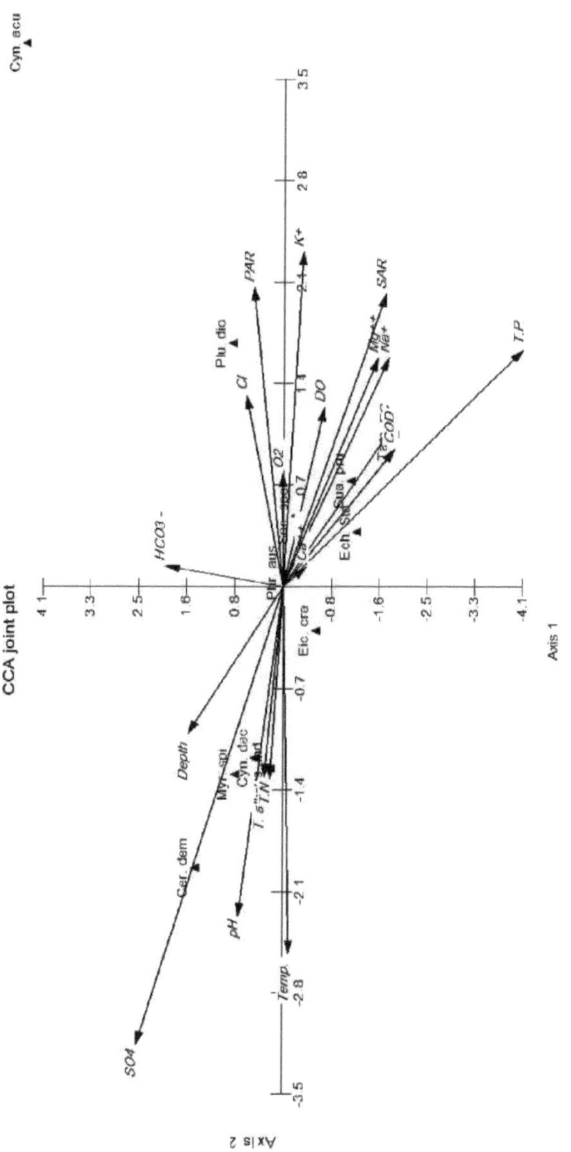

Figura 23. Diagrama de ordenação da Análise de Correspondência Canónica (CCA) com as variáveis da água representadas por setas. As espécies indicadoras e preferenciais são abreviadas com as três primeiras letras de cada um dos géneros e espécies.

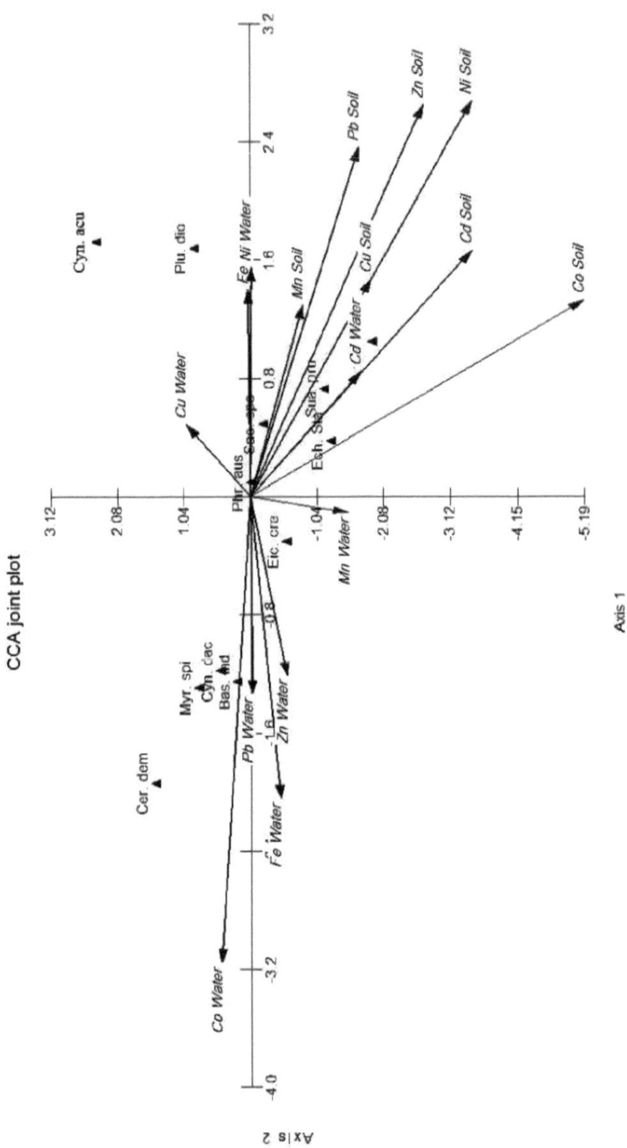

Figura 24. Diagrama de ordenação da Análise de Correspondência Canónica (CCA) com metais pesados representados por setas. As espécies indicadoras e preferenciais são abreviadas com as três primeiras letras de cada género e espécie.

diagrama. Estas espécies mostraram uma relação estreita com o cloreto, o sódio, o magnésio, o potássio, o PAR, o SAR, o fósforo total, o cloreto, a CQO e a CBO. No entanto, *Bassia indica* , a espécie codominante nos grupos A, *Saccharum spontaneum* , a espécie codominante nos grupos C e D, *Cynodon dactylon* , a espécie indicadora no grupo A, *Myriophyllum spicatum* , a espécie codominante e as espécies mais importantes *(Ceratophyllum demersum* e *Eichhornia crassipes)* no grupo D foram coletivamente segregadas no lado esquerdo do diagrama. Estas espécies mostraram uma forte relação com o sulfato, o valor do pH e a temperatura. Por outro lado, as espécies menos importantes estão obviamente segregadas no lado direito do diagrama, quer nas posições superiores quer nas inferiores do diagrama CCA-biplot.

CAPÍTULO 6

DISCUSSÃO

O total de recursos hídricos da Terra é de cerca de 1.384 km3. Mais de 97% dos recursos hídricos mundiais encontram-se nos oceanos e nos mares e são demasiado salgados para a maioria das utilizações produtivas. A água dos oceanos tem um teor de sal de cerca de 3% e não é adequada para utilização direta pelos seres humanos ou na agricultura. Apenas 2,6 % é água doce. Também da água doce, apenas uma pequena fração (0,52%) está disponível como água de superfície. A sobrevivência da humanidade, para todos os efeitos práticos, depende principalmente desta fonte superficial (Yadav *et al.*, 2000; Sikka, 2008).

A agricultura é o maior consumidor de água, utilizando 70 por cento do total a nível mundial e 87 por cento nos países em desenvolvimento (Sankara Reddi e Reddy, 1995). As ervas daninhas aquáticas diminuem a velocidade da água, especialmente sob forte infestação. Provocam perdas de água por evapotranspiração, assoreamento e podem causar escassez de água. Estas ervas daninhas aumentam os custos de irrigação e prejudicam o desenvolvimento da pesca. Estas ervas daninhas, particularmente as emergentes, através dos seus rizomas extensos que armazenam alimentos, ajudam na erosão das margens, a sua morte e decomposição podem deixar pequenos túneis através dos quais a infiltração de água causa rupturas ou tais túneis são criados pelos roedores e caranguejos (Metha e Sharma, 1976; Gopal, 1986).

O braço Damietta do rio Nilo, no Egito, é obviamente povoado por comunidades de macrófitas que se espalham muito rapidamente e enchem toda a massa de água em alguns locais ecológicos. Assim, o fluxo de água é visivelmente dificultado, pelo que é necessária uma manutenção química, mecânica ou biológica. Os estudos de campo revelaram que as espécies vegetais emergentes, por exemplo *Phragmites australis, Saccharum spontaneum, Echinochloa stagnina* e *Cyperus alopecuroides*, têm um crescimento denso e tendem a bloquear o curso de água. Além disso, os hidrófitos flutuantes, por exemplo *Eichhornia crassipes* e *Ludwigia stolonifera*, bem como os hidrófitos submersos, por exemplo *Ceratophyllum demersum* e *Myriophyllum spicatum*, crescem coletivamente em todos os sítios ecológicos do braço de Damietta, exceto no sítio 4 (Farskour - Ras El-Bar). Estas ervas daninhas crescem e formam comunidades puras ou mistas. Por vezes, as macrófitas flutuantes estão misturadas com os tipos de vegetação emergente ao longo da zona litoral da margem do braço de Damietta.

Os estudos sinecológicos modernos preferiram uma metodologia mais objetiva para utilização a uma escala local e, por vezes, regional. Estes estudos têm procurado reduzir a complexidade de um conjunto de dados de campo através da classificação e/ou ordenação com base em dados florísticos. Os resultados da análise da vegetação foram então relacionados com dados ambientais. Alternativamente, as relações vegetação-habitat têm sido derivadas de uma única análise de variáveis florísticas e ambientais combinadas (ter Braak, 1987; Kershaw e Looney, 1985). Nas últimas duas décadas, estas abordagens objectivas foram aplicadas à vegetação do Egito (Ayyad, 1973; El-Ghareeb, 1975; Shaltout, 1983; El-Demerdash, 1984; Serag, 1986; Mashaly, 1987; Zahran *et al.,* 1990, Springuel, 1990; Dargie e El-Demerdash, 1991, Serag, 1991, Saleh, 1997, El-Hennawy, 1999, El-Sherbeny, 2003, El-Khiary, 2005, El-Amier, 2005 e 2010).

Floristicamente, o número total de hidrófitas e plantas terrestres registadas no presente estudo é de 70 espécies pertencentes a 54 géneros agrupados em 30 famílias. Destas famílias, *Chenopodiaceae* e *Gramineae* (10 espécies cada), *Asteraceae* (8 espécies) e *Cyperaceae* (6 espécies) são as principais famílias, representando coletivamente cerca de metade (48,57%) do número total de espécies registadas. Estas espécies são classificadas em quatro grandes grupos: hidrófitas flutuantes (6 espécies), hidrófitas submersas (3 espécies), espécies emergentes (16) e espécies terrestres (54). Com base na duração, as espécies registadas (70) são agrupadas em três categorias: perenes (46 espécies) e anuais (24 espécies). De acordo com o espetro de formas de vida das espécies registadas, a maioria das plantas são principalmente criptófitas (48,57%), que incluem geófitas, helófitas e hidrófitas, e parcialmente terófitas (34,29%). Chamaephytes (11,43%), hemicryptophytes (10,0%) e phanerophytes (5,72%) constituem uma representação relativamente baixa dos espectros de formas de vida. No presente estudo, a estrutura florística está mais ou menos de acordo com as conclusões de Quezel (1978) sobre a estrutura florística da África mediterrânica, El-Sheikh (1989 & 1996) sobre a vegetação dos canais de drenagem na região do Delta médio, Mashaly *et al.* (2001 & 2002) sobre a vegetação infestante dos terrenos de cultivo e dos habitats das margens dos canais na região nordeste do Delta do Nilo, El-Halawany (2002) sobre os habitats das zonas húmidas ao lado das explorações piscícolas na região norte do Delta do Nilo, Shaltout *et al.* (2005a) sobre a vegetação dos diferentes habitats no sul do Delta do Nilo, Mashaly *et al.* (2009) sobre os habitats e as comunidades vegetais no Delta do Nilo do Egito (canal de irrigação e drenagem), El-Amier (2010) sobre estudos fitossociológicos e autecológicos da vegetação das margens do canal no Egito e Shaltout *et al.* (2010) estudaram a vida vegetal no Delta do Nilo.

Corolgicamente, o Egito é o ponto de encontro dos elementos florísticos pertencentes a pelo menos quatro regiões fitogeográficas: o Sudão-Zambesiano africano, o Irão-Turaniano asiático, o Sahro-Sindiano afro-asiático e o Mediterrâneo euro-afro-asiático (El- Hadidi, 1993). A análise florística da área de estudo revelou que cerca de 31,43% do número total de espécies registadas são taxa mediterrânicos. Estes taxa são pluriregionais (12,86%), birregionais (17,14%) ou monoregionais (1,43%). Verificou-se também que 39 espécies ou cerca de 55,71% do número total das espécies registadas são cosmopolitas (18,57%), paleotropicais e pantropicais (14,29% cada) ou neotropicais (8,57%). Investigações semelhantes foram descritas por Abd El-Ghani e Amer (1990), El-Demerdash *et al.* (1990 & 1997), Shalaby (1995), Khedr e El-Demerdash (1997), Mashaly *et al.* (2001 & 2002), Mashaly (2001, 2002 & 2003), El-Halawany (2002), Mashaly e Awad (2003 a & b), Mashaly *et al.* (2009), El-Amier (2010).

Ecologicamente, algumas espécies de plantas tendem a ter uma gama de distribuição restrita, outras têm uma vasta gama de amplitudes ecológicas e outras ainda estão ausentes de alguns sítios ecológicos. Esta restrição de distribuição depende da necessidade de um tipo especial de habitat, como é o caso das infestantes helófitas no habitat húmido dos campos de arroz. Os tipos de habitat que suportam o crescimento das espécies de plantas no presente estudo são principalmente habitats hídricos e/ou de margens de canais nos diferentes locais do ramo de Damietta, Egito. É muito importante estudar as condições ambientais naturais em que as plantas crescem naturalmente, a fim de conhecer as melhores condições em que cada planta dá o seu rendimento máximo de crescimento, contendo o maior produto de materiais activos de elevado valor económico potencial.

A vegetação infestante no presente estudo é classificada pelo TWINSPAN em quatro grupos (A - D). Cada grupo inclui um número de povoamentos que são semelhantes em termos de espécies codominantes, bem como por um número de espécies indicadoras e/ou preferenciais. Os grupos de vegetação distinguidos representam obviamente um tipo especial dos sítios ecológicos estudados do braço Damietta do rio Nilo no Egito. O grupo A pode representar o tipo de habitat do sítio 4 (zona de transição) em que as espécies codominantes identificadas são uma mistura de *Phragmites australis* e *Bassia indica* (espécies indicadoras). O grupo B pode representar os habitats dos sítios ecológicos 4 (halófitos). Este grupo também é dominado por *Phragmites australis,* mas é caracterizado pelas importantes espécies halófitas *Suaeda pruinosa* e *Halocnemum strobilaceum. Cynodon dactylon* é uma espécie indicadora. O grupo C pode representar o tipo de habitat dos sítios 1 e 3, que é codominado por *Saccharum spontaneum* e *Phragmites australis,* sendo este grupo caracterizado pelas importantes espécies hidrófitas verdadeiras *Eichhornia crassipes, Myriophyllum spicatum* e *Ceratophyllum demersum*, enquanto as espécies indicadoras deste grupo são *Arundo donax* e *Chenopodium murale.* O grupo D pode representar os habitats dos sítios 2 e 3. Este grupo é codominado por *Saccharum spontaneum* (espécie indicadora) e *Myriophyllum spicatum.* As espécies importantes deste grupo são hidrófitas típicas, incluindo *Eichhornia crassipes* e *Ceratophyllum demersum*

Vale a pena mencionar que as semelhanças entre os grupos de vegetação são obviamente detectadas entre os grupos A e B e também entre os grupos C e D. Em termos de vegetação, os grupos identificados no presente trabalho podem ser classificados em duas categorias principais: a primeira categoria do sítio ecológico 4 (Farskour - Ras El-Bar), que inclui os grupos A e B, e a segunda categoria do sítio ecológico 1, 2 e 3 (El- Qanater El-Khayria - Benha, Benha - El-Mansoura e El-Mansoura - Farskou), que inclui os grupos C e D.

Os grupos de vegetação identificados no presente estudo podem ser categorizados de acordo com o sistema de associação florística de Branun-Blanquet (1933) em duas classes: *Phragmitetea* e *Arthrocnemetea.* A primeira classe está adaptada a um amplo gradiente de humidade que se estende da margem do canal a habitats de águas abertas. Esta classe pode incluir a maior parte das comunidades nos habitats ruderais, tais como bermas de estradas, caminhos-de-ferro, terrenos baldios e campos abandonados na região do Delta do Nilo. As espécies caraterísticas que podem ser relacionadas com a classe *Phragmitetea* no presente trabalho são *Phragmites australis, Typha domingensis, Alternanthera sessilis, Ceratophyllum demersum, Eichhornia crassipes, Lemna gibba, Lemna minor, Saccharum spontaneum, Echinochloa stagnina, Cyperus alopecuroides, Cyperus articulatus, Imperata cylindrica, Ludwigia stolonifera, Persicaria lapathifolia, Persicaria salicifolia, Pluchea dioscoridis* (perenes); *Bassia indica, Chenopodium murale, Conyza bonariensis, Ranunculus sceleratus* e *Rumex dentatus* (como anuais). Três alianças podem ser distinguidas na classe *Phragmitetea,* que são

a- Aliança *Imperata cylindrica*, ocupa sobretudo a parte árida dos gradientes de humidade das massas de água.

b- Aliança de *Panicum repens*, ocupa na maioria dos casos as posições medianas ao longo dos gradientes de humidade.

c- Aliança de *Echinochloa stagnina*, ocupa as posições húmidas ao longo dos gradientes de humidade das massas de água.

Por outro lado, a segunda classe *(Arthrocnemetea}* ocupa geralmente as posições medianas ao longo dos gradientes de humidade das massas de água salobras e/ou salinas. As espécies caraterísticas que podem ser relacionadas com esta classe no presente estudo são *Arthrocnemum macrostachyum*, *Atriplex portulacoides*, *Halocnemum strobilceum, Inula crithmoides*, *Phragmites australis*, *Suaeda pruinosa*, *Tamarix nilotica* (como perenes).

A comparação entre estas duas classes (*Phragmitetea* e *Arthrocnemetea*) identificadas no presente estudo com os estudos anteriores indica que, estas classes não se assemelham às mesmas classes descritas por Van Groenendael *et al.* (1983) no seu estudo sobre corpos de água na Europa. No entanto, as associações de vegetação no presente estudo podem estar relacionadas com as associações descritas por Montasir (1937 & 1938) no seu estudo sobre o lago Manzala, bem como por Tadros (1953) no seu estudo das comunidades halófilas de Mareoties (Egito) e por Zohary (1973) nas fundações geobotânicas do Médio Oriente. Em estudos recentes, os grupos de vegetação identificados no presente estudo podem ser semelhantes aos grupos de vegetação descritos por El-Sheikh (1989 & 1996), Zahran *et al.* (1990 & 1994), Al-Sodany (1992 & 1998), Khedr e El-Demerdash (1997), Mashaly *et al.* (2001), El-Halawany (2002), Masoud (2004), Maswada (2004), El-Amier (2010).

As plantas aquáticas de água doce são aquelas que estão fisiologicamente adaptadas para sobreviver em ecossistemas permanentes ou semi-permanentes de água doce. A distribuição e o comportamento de muitas plantas aquáticas estão frequentemente correlacionados com a qualidade da água (Agami *et al.*, 1976; Carbiener et al., 1990; Romero e Onaindia, 1995). Os ecossistemas dominados por macrófitas aquáticas estão entre os mais produtivos do mundo, em grande parte como resultado de uma ampla luz, água e nutrientes, e da presença de plantas que desenvolveram adaptações morfológicas e bioquímicas que lhes permitem tirar partido destas condições óptimas (Brix, 1993).

Além disso, o aumento da poluição proveniente das práticas agrícolas, dos resíduos industriais e humanos drenados diretamente para diferentes massas de água pode ser responsável pela disseminação das ervas aquáticas. As ervas daninhas aquáticas diminuem a velocidade da água, especialmente sob forte infestação. Provocam a perda de água por evapotranspiração, assoreamento e podem causar escassez de água. A sua abundância também tem um efeito crescente em vários vectores nascidos na água, como a

Belharzia e a Malária. Estas ervas daninhas aumentarão os custos de irrigação e prejudicarão o desenvolvimento das pescas. Estas ervas daninhas, particularmente as emergentes, através dos seus extensos rizomas armazenadores de alimentos, ajudam na erosão das margens, a sua morte e decomposição podem deixar pequenos túneis através dos quais a infiltração de água causa brechas ou tais túneis são criados pelos roedores e caranguejos (Metha e Sharma, 1976; Gopal, 1986).

A ordenação dos povoamentos amostrados no presente trabalho, obtida através da Análise de Correspondência Detrended (DCA), indica que os grupos de vegetação produzidos pela classificação TWINSPAN são marcadamente distinguíveis e têm um padrão claro de segregação no plano de ordenação. É interessante notar que os grupos A e B estão estreitamente relacionados entre si, assim como os grupos C e D estão mais ou menos relacionados entre si. Estas relações específicas entre os pares de grupos de vegetação acima mencionados podem dever-se às semelhanças estreitas da sua composição florística e dos seus habitats naturais. Em geral, os grupos A e B podem representar as associações de vegetação nos sítios ecológicos 4, mas os grupos C e D podem representar as associações de vegetação nos sítios ecológicos 1, 2 e 3.

Os gradientes importantes do solo relacionados com a distribuição da vegetação, tal como reconhecido por Shaltout e Sharaf El-Din (1988), Shaltout e El-Sheikh (1991 & 1993), Shaltout *et al.* (1994), Al-Sodany (1998), Mashaly *et al.* (2001) e Mashaly (2002 & 2009) são a salinidade do solo (CE), os gradientes de humidade, a fertilidade do solo (carbono orgânico, fósforo e teor de azoto), a textura do solo (areia, silte e argila), o valor do pH e o teor de carbonato de cálcio. No presente estudo, a aplicação da análise de correspondência canónica (CCA-biplot) indica que as variáveis hidrológicas e hídricas mais eficazes que se correlacionam significativamente com a abundância e a distribuição dos grupos de vegetação são numerosas, tais como a textura do solo (areia e silte), a capacidade de retenção de água, a condutividade eléctrica, os aniões solúveis (cloreto e sulfato), o fósforo total, a SAR, o PAR e os catiões extraíveis (sódio, cálcio e magnésio).

No presente estudo, os diagramas de ordenação CCA-biplot indicam que *Phragmites australis*, como espécie codominante em dois grupos de vegetação (A & B) e espécie dominante no grupo B, *Bassia indica*, como outra espécie codominante no grupo A, mostrou relações estreitas com as fracções do solo (argila e silte), capacidade de retenção de água, sulfatos, fósforo total, azoto e pH. No entanto, *Saccharum spontaneum*, como terceira espécie codominante nos grupos de vegetação (C & D), mostrou uma relação distinta com a concentração de sódio, SAR, capacidade de retenção de água, bicarbonatos, sulfatos, magnésio e cloretos. Enquanto *Myriophyllum spicatum*, como uma espécie codominante importante em apenas um grupo D, mostrou um tipo especial de relação com sódio, SAR, capacidade de retenção de água, bicarbonatos, sulfatos, magnésio e cloretos.Por outro lado, *Phragmites australis* , a espécie codominante em todos os grupos de vegetação, exceto no grupo D, *Cynanchum acutum* (espécie importante no grupo A), *Suaeda pruinosa*, *Halocnemum strobilaceum* (espécie importante no grupo B) e *Echinochloa stagnina* (espécie abundante no grupo C), mostraram uma relação estreita com cloreto, sódio, magnésio, potássio, PAR, SAR, fósforo total, cloreto, CQO e CBO. No entanto, *Bassia indica* , a espécie codominante nos grupos A, *Saccharum spontaneum* , a espécie codominante nos grupos C e D, *Cynodon dactylon* , a espécie indicadora no grupo A, *Myriophyllum spicatum*, a espécie codominante e mais importante (*Ceratophyllum demersum* e *Eichhornia crassipes*) no grupo D mostraram uma forte relação com o sulfato, o valor do pH e a temperatura.

Na região do Nilo, no Egito, as massas de água são obviamente povoadas por comunidades de macrófitas (El-Fiky, 1974; Hassib, 1951) que se espalham muito rapidamente e podem encher essas massas de água: isto é principalmente atribuído à elevada eutrofização, resultante do escoamento da drenagem. Os presentes estudos de campo revelaram que as espécies de plantas emergentes, por exemplo *Phragmites australis, Typha domingensis, Saccharum spontaneum, Echinochloa stagnina, Persicaria salicifolia* e *Cyperus alopecuroides*, têm um crescimento elevado da vegetação e podem formar manchas em alguns locais ecológicos, tendendo a bloquear o curso de água. Além disso, os hidrófitos flutuantes, por exemplo, *Eichhornia crassipes* e *Ludwigia stolonifera*, bem como os hidrófitos submersos, por exemplo, *Ceratophyllum demersum* e *Myriophyllum spicatum*, crescem coletivamente em todos os locais do braço de Damietta do rio Nilo, exceto no local 4. Estas espécies estão a crescer e a formar comunidades puras ou mistas. Por vezes, as macrófitas flutuantes estão misturadas com os tipos de vegetação emergente ao longo da zona frontal da margem do braço de Damietta.

A concentração de oxigénio dissolvido é um dos factores mais importantes e limitantes, uma vez que é essencial para a respiração de um membro aquático da fauna e da flora (Welch, 1952, Westlake, 1973). No presente estudo, a concentração de oxigénio dissolvido foi elevada no grupo A. Obviamente, a concentração de elementos-chave da eutrofização, isto é, P e N, foi mais elevada nos grupos B e D. O processo de eutrofização provoca alterações na flora aquática (Lind e Cottam, 1969, Harman e Doane, 1970, Dale e Miller, 1978). As maiores alterações resultam frequentemente das actividades humanas, uma vez que estas podem alterar a química, a claridade e a temperatura da água, factores ligados às alterações das espécies (Volker e Smith, 1965; Dale e Miller, 1978; Vermaat *et al.*, 1993; Williams, 1993).

As variações regionais acentuadas de muitos parâmetros investigados podem ser atribuídas ao efeito de fontes pontuais de poluição. A este respeito, Hegewald e Runkel (1981) referiram que qualquer massa de água influenciada por descargas agrícolas é certamente instável em termos de composição química. Por conseguinte, não foi uma surpresa encontrar uma qualidade de água inferior na região do delta do rio Nilo. Por outro lado, os grupos C, G e H atingiram os valores mais baixos dos parâmetros medidos, uma vez que estes grupos representam locais do rio Nilo e alguns canais de irrigação. As plantas aquáticas registadas no nosso estudo têm certas caraterísticas em comum, por exemplo, a reprodução vegetativa e o crescimento relativamente rápido; isto está de acordo com Murphy *et al.* (1990) e Yacoub (2003). Outras podem tolerar perturbações físicas por serem fortes e flexíveis, de acordo com Spink (1992).

Na água natural, os metais pesados estão presentes em várias formas, como simples catiões e aniões, como complexos com ligandos inorgânicos ou orgânicos ou ligados por adsorção a partículas sólidas. Supõe-se geralmente que a maioria dos metais pesados se encontra ligada a compostos complexos relativamente estáveis ou associada a colóides inorgânicos (Chau, 1973; Frimmel *et al.*, 1974; Florence e Batley, 1977). No presente trabalho, o teor de metais pesados na água apresenta variações espaciais, uma vez que a maioria dos elementos apresenta um teor elevado nos lagos e canais de drenagem do Delta Norte. Por outro lado, os valores mais baixos dos teores de elementos foram registados no rio Nilo e nos canais de irrigação.

Os sedimentos (hidrossolos) são conhecidos como armadilhas ou fontes de compostos químicos e elementos da água do rio. No entanto, os sedimentos de água doce são um dos pontos finais para os metais vestigiais emitidos por fontes antropogénicas e constituem um arquivo para o estudo da história da poluição por metais vestigiais (Birch *et al.,* 1996). Além disso, os hidrossolos (sedimentos) são parte integrante do ciclo dos metais pesados nos ecossistemas das águas de superfície. O teor de metais pesados em partículas finas na interface água-hidrossolo reflecte o carácter da água acima do hidrossolo e pode servir de indicador da carga de metais pesados a longo prazo das águas de superfície (Springer, 1974).

O rio Nilo, no Egito, apresenta concentrações elevadas de alguns metais, o que indica claramente a existência de consideráveis contribuições antropogénicas (Gesamp, 1982). No entanto, neste estudo, alguns metais detectados no local investigado reflectiram concentrações baixas a moderadas, mas inferiores às detectadas em lagos e canais de drenagem.

Na tentativa de definir e medir a presença e os efeitos dos poluentes, especialmente os metais, nos rios e oceanos, os marcadores biológicos têm suscitado um grande interesse. Nos últimos anos, as plantas aquáticas, no que respeita à sua capacidade de sequestrar metais pesados, têm sido objeto de grande interesse. Este interesse centrou-se principalmente nas plantas aquáticas como biomarcadores da poluição por metais pesados (Wolverton e Mc Donald, 1979; Martin e Coughtrey, 1982; Gersberg *et al.,* 1986; Bishop e Taylor Eighmy, 1989; Jenssen *et al,* 1993; Serage *et al.,* 1999; Maine *et al.,* 2001; Dirilgen e Dogan, 2002; El-Sherbeny, 2003; Maine *et al.,* 2004; Suresh e Ravishankar, 2004; Priscila *et al.,* 2005 Miretzky *et al.,* 2006). No entanto, as macrófitas aquáticas podem absorver metais pesados muito mais rapidamente do que as plantas terrestres (Dykyjova, 1988). As plantas aquáticas podem absorver metais pesados através de todos os seus órgãos que entram em contacto com a água circundante ou com o hidrossolo. As espécies enraizadas no fundo absorvem-nos predominantemente do hidrossol, enquanto as espécies que flutuam livremente absorvem-nos apenas da água. Em geral, as plantas podem absorver metais através da superfície de todas as suas partes imersas, desde que não estejam cobertas por uma cutícula impermeável (Dykyjova, 1982). Os resultados obtidos esclarecem que não existe um padrão claro para as concentrações de metais. O Fe, o Mn e o Zn atingiram a concentração mais elevada nos órgãos das plantas em comparação com os outros elementos; entretanto, o Co teve as concentrações mais baixas nas hidrófitas estudadas em comparação com os outros elementos.

Conclusão

Tanto quanto é do conhecimento do estudante, a presente tese pode ser considerada a primeira do género. Nenhum trabalho publicado disponível tentou abordar o problema do efeito sazonal da eutroptcação nas planícies aquáticas. Os diferentes tipos de águas poluídas que normalmente desaguam no rio Nilo e nos seus braços no Egito (industriais, agrícolas e esgotos) estão, na verdade, a causar vários problemas na água doce do rio Nilo. Isto foi confirmado pelos resultados obtidos, que concretizaram, até agora, os poucos objectivos do presente trabalho. Para além disso, e para completar o quadro geral, é necessário estudar as produções de peixe nos quatro locais selecionados do braço de Damietta e até que ponto as águas poluídas com sumo afectam gravemente as quase culturas.

CAPÍTULO 7

RESUMO

A presente tese tem como objetivo analisar as águas residuais que normalmente drenam para o braço de Damietta e as sucessivas alterações da vegetação ao longo do braço de Damietta do rio Nilo. Além disso, determinar os factores que controlam a distribuição e a abundância das comunidades vegetais na área de estudo

Foram selecionados sessenta quadrantes de amostragem para representar o braço Damietta do rio Nilo nas cinco províncias da área de estudo, nomeadamente: Damietta, El-Dakahlia, El- Gharbia, El-Menofyia e El-Qaluobya. Floristicamente, o número total de hidrófitas e plantas terrestres registadas no presente estudo é de 70 espécies pertencentes a 54 géneros agrupados em 30 famílias. Destas famílias, Chenopodiaceae e Gramineae (10 espécies cada), Asteraceae (8 espécies) e Cyperaceae (6 espécies) são as principais famílias, representando coletivamente cerca de metade (48,57%) do número total de espécies registadas.

De acordo com o tempo de vida, os taxa registados podem ser classificados em três categorias, como se segue:

1. Anuais: 24 espécies (34,29%).

2. Perenes: 46 espécies (65,71%).

De acordo com os espectros das formas de vida das espécies registadas, a maioria das plantas são principalmente criptófitas (48,57%), que incluem geófitas, helófitas e hidrófitas, e parcialmente terófitas (34,29%). Chamaephytes (11,43%), hemicryptophytes (10,0%) e phanerophytes (5,72%) constituem uma representação relativamente baixa dos espectros de formas de vida.

A análise florística da área de estudo revelou que cerca de 31,43% do número total de espécies registadas são taxa mediterrânicos. Estes taxa são pluriregionais (12,86%), birregionais (17,14%) ou monoregionais (1,43%). Verificou-se também que 39 espécies, ou cerca de 55,71% do número total de espécies registadas, são cosmopolitas (18,57%), paleotropicais e pantropicais (14,29% cada) ou neotropicais (8,57%).

A aplicação da classificação TWINSPAN aos valores de importância (em 100) de 70 espécies vegetais registadas em 60 povoamentos amostrados levou ao reconhecimento de quatro grupos de vegetação:

1- O grupo A (2 povoamentos) pode representar o tipo de habitat do sítio 4 (zona de transição) em que as espécies codominantes identificadas são uma mistura de *Phragmites australis* e *Bassia indica* (espécie indicadora).

2- O grupo B (8 povoamentos) pode representar os habitats dos sítios ecológicos 4 (halófitos). Este grupo também é dominado por *Phragmites australis*, mas é caracterizado pelas importantes espécies halófitas *Suaeda pruinosa* e *Halocnemum strobilaceum. Cynodon dactylon* é uma espécie indicadora.

3- O grupo C (28 povoamentos) pode representar o tipo de habitat dos sítios 1 e 3, que é codominado por *Saccharum spontaneum* e *Phragmites australis*, sendo este grupo caracterizado pelas importantes espécies de hidrófitas verdadeiras *Eichhornia crassipes, Myriophyllum spicatum, Ceratophyllum demersum*, enquanto as espécies indicadoras neste grupo são *Arundo donax* e *Chenopodium murale.*

4- O grupo D (22 povoamentos) pode representar os habitats dos sítios 2 e 3. Este grupo é codominado por *Saccharum spontaneum* (espécie indicadora) e *Myriophyllum spicatum.* As espécies importantes deste grupo são hidrófitas típicas, incluindo *Eichhornia crassipes* e *Ceratophyllum demersum.*

A ordenação dos povoamentos inquiridos dada pela Análise de Correspondência Tendencial (DCA) é indicada no plano do primeiro e segundo eixos da DCA. É óbvio que os grupos de vegetação resultantes da classificação TWINSPAN são marcadamente distinguíveis e têm um padrão claro de segregação no plano de ordenação.

A correlação entre a vegetação e as variáveis ambientais é indicada no diagrama de ordenação produzido pela Análise de Correspondência Canónica (CCA) e levou à determinação dos gradientes hidrossolares mais eficazes que se correlacionam com a distribuição e abundância dos grupos de vegetação nos diferentes habitats. As variáveis hidrossolares mais importantes foram: as concentrações de sódio, SAR, capacidade de retenção de água, fósforo total, bicarbonatos e sulfatos foram as variáveis hidrossolares mais eficazes. As percentagens de cloretos, fósforo total, sódio, SAR, potássio, PAR, magnésio, sulfatos, condutividade eléctrica e cálcio são as variáveis hídricas mais importantes. Por outro lado, Co, Zn, Ni, Pb e Cd no hidrossolo e Co, Ni e Fe nas amostras de água foram os metais pesados mais importantes, tendo apresentado correlações significativas muito elevadas com a vegetação.

Em geral, as concentrações de ião ferro nos tecidos de todos os hidrófitos selecionados *(Ceratophyllum demersum, Echinochloa stagnina, Eichhornia crassipes* e *Myriophyllum spicatum)* são, relativamente, as mais elevadas entre as das outras 3 espécies. Por outro lado, as quantidades relativamente menores são as do ião cobalto.

ANEXO FOTOGRAFIAS

Foto 1. *Eichhornia crassipes* num pequeno riacho à volta de uma ilha em Damietta Branch, cidade de Sherbin, Dakahlia, Egito.

Foto 2. *Eichhornia crassipes* e *Echinochloa stagninain* na cidade de Benha, filial de Damietta, El-Qaluobya, Egito.

Note-se *a Eichhornia crassipes* a crescer como hidrófita flutuante e *a Echinochloa stagninain* a crescer como espécie emergente.

Foto 3. Crescimento denso de *Ceratophyllum demersum* em Damietta Branch, cidade de Benha, El-Qaluobya, Egito.

Foto 4. Vista de perto de *Myriophyllum spicatum* em Damietta Branch, Faraskour City, Damietta, Egito.

Foto 5. Vista geral de um povoamento dominado por *Lemna* spp. em Damietta Branch, cidade de Benha, El-Qaluobya, Egito.

Foto 6. Vista geral e vista de perto de *Pistia stratiotesem* Damietta Branch, Faraskour City, Damietta, Egito.

Foto 7. Crescimento denso de *Potamogetón nodosus* em Damietta Branch, Mansoura City, Dakahlia, Egito.

Foto 8. Vista geral de um povoamento dominado por *Cyperus articulates* e *Saccharum spontaneum* em Damietta Branch, Faraskour City, Damietta, Egito.

Foto 9. Vista geral de *Cyperus papyrus* em Damietta Branch, Faraskour City, Damietta, Egito.

Foto 10. Vista de perto de *Cyperus papyrus* em Damietta Branch, Faraskour City, Damietta, Egito.

Foto 11. Vista geral e vista de perto de *Cyperus alopecuroides* em Damietta Branch, Meet Ghamer City, Dakahlia, Egito.

Foto 12. Vista geral e vista de perto de *Cyperus alopecuroides* em Damietta Branch, Meet Ghamer City, Dakahlia, Egito.

Foto 13. *Ceratophyllum demersum* e *Persicaria salicifolia* em Damietta Branch, Sherbin City, Dakahlia, Egito.

Note-se *o* crescimento de *Ceratophyllum demersum* como hidrófita flutuante e o crescimento de *Persicaria salicifolia* como espécie emergente.

Foto 14. Vegetação aquática mista de *Ceratophyllum demersum, Eichhornia crassipes* e *Persicaria salicifolia* em Damietta Branch, Sherbin City, Dakahlia, Egito.

Foto 15. Vista geral e vista de perto de *Persicaria lapathifolia* em Damietta Branch, Meet Ghamer City, Dakahlia, Egito.

Foto 16. Vista de perto de *Echinochloa stagnina* em Damietta Branch, Meet Ghamer City, Dakahlia, Egito.

Foto 17. Povoamento puro de *Ranunculus sceleratus* (hidrófitas emergentes) no Ramal de Damietta, Cidade de Meet Ghamer, Dakahlia, Egito.

Foto 18. Povoamento puro de *Ludwigia stolonifera* (hidrófitas flutuantes) em Damietta Branch, Meet Ghamer City, Dakahlia, Egito.

Foto 19. Vista geral de *Phragmites australis* em Damietta Branch, Meet Ghamer City, Dakahlia, Egito.

Foto 20. Vista geral de *Ceratophyllum demersum, Persicaria salicifolia* e alguma vegetação das margens do canal, no Ramal de Damietta, Cidade de Meet Ghamer, Dakahlia, Egito.

Foto 21. Vista geral da vegetação hidrofítica mista *(Eichhornia crassipes* e *Phragmites australis)* e *Tamarix nilotica,* no Ramal de Damietta, Cidade de Meet Ghamer, Dakahlia, Egito.

Foto 22. *Echinochloa stagnina, Phragmites australis* (hidrófitas emergentes) e *Arundo donax,* em Damietta Branch, Sherbin City, Dakahlia, Egito.

Foto 23. Vista geral da sucursal de Damietta, cidade de Faraskour, Damietta, Egito.

Foto 24. Vista geral da sucursal de Damietta e das jaulas para peixes em Faraskour City, Damietta, Egito.

Foto 25. Vista geral do Ramal de Damietta mostrando o início do canal El-Salam na cidade de Faraskour, Damietta, Egito.

Aviso: A entrada do canal situa-se na margem direita do Ramal de Damietta, no Km 219, 3,0 Km a montante da Barragem de Faraskur (Emam and Hydraulics, 2000).

REFERÊNCIAS

REFERÊNCIAS

Abaychi, J.K. e Al-Obaidy, S.Z. (1987). Concentrações de elementos vestigiais em plantas vasculares aquáticas do rio Shatt Al-Arab, Iraque, J. Biol. Soc. Res. 18(2): 123 - 130.

Abd El-Fattah, R.I.; El-Hady, A.F. e Ahmed, A.S. (1995). Notificação sobre as comunidades de plantas aquáticas no Baixo Egito. J. Appl. Sci., 10(7): 11-28.

Abd El-Fattah, R.I.; El-Hady, A.F. e Baraka, D.M. (1992). Sobre a ecologia dos terrenos baldios da área de Zagazig, Egito. J. of the Fac. of Education, 17: 565-578.

Abd El-Ghani, M.M. e Amer, A.M. (1990). Estudos sobre as assembleias de ervas daninhas em terras agrícolas, Egito, I. Campos de favas, Egito. J. Bot., 33(1): 15-30.

Abdo, M.H. (2004). Distribuição de alguns elementos químicos nos sedimentos recentes do braço de Damietta, Rio Nilo, Egito. Jornal da Sociedade Académica Egípcia para o Desenvolvimento Ambiental (D Estudos Ambientais), 5(2):125-146.

Abo-Ellil, A.H. (1987). Estudos ecológicos sobre algumas hidrófitas que crescem nos Distritos de Dakahlia e Damietta. Tese de Mestrado, Fac. Sci., Mansoura Univ., Egito.

Abu Al-Izz, M. S. (1971). Land Forms of Egypt. Imprensa da Universidade Americana do Cairo. Dar Al-Maaref, Cairo. Egito.

Abu Ziada, M.E. (1987). Estudos sobre as macrohidrófitas no Egito. I. *Phragmites australis* (Cav.) Trin. ex. Steud. ssp. *altissimus* (Benth). Calyton. Mansoura Sci. Bull., 14 (1): 169 - 187.

Abu-Shady, M.R.; El-Moatassem, M.; Heikal, M.T. e Khalafalla, G.M. (1996). Qualidade microbiológica do trecho do rio Nilo que atravessa o Cairo. Segunda Conferência Internacional sobre Gestão de Água Potável e Tecnologias de Tratamento de Água, Cairo Aqua-Tech, 96.

Agami, M., Litav, M. e Waisel, Y. (1976). O efeito de vários componentes da poluição da água no comportamento de algumas macrófitas aquáticas dos rios costeiros de Israel. Aquat. Bot. Vol. 2, pp. 203-213.

Ali, M.M.; Hammad, A.H.; Springuel, I.V. e Murphy, K.J. (1995). Factores ambientais que afectam as comunidades de macrófitas submersas em corpos de água regulamentados no Egito. Arch. Hydrobiol., 133(1): 107-128.

Allen, S.E.; Grimshaw, H.M. e Rowland, A.P. (1986). Análise Química. In: Methods of Plant Ecology (Eds. Moore, P.D. e Chapman, S.B.), Blackwell, Oxford. 285-344.

Allen, S.E.; Grimshaw, H.M.; Parkinson, J.A.; Quarmby, C. e Roberts, J.D. (1974). Chemical Analysis of Ecological Materials (Análise Química de Materiais Ecológicos). Blackwell Scientific Publications. Osney, Oxford, Londres.

Al-Sodany, Y.M. (1992). Análise da vegetação da parte norte da região do Delta do Nilo. Tese de

Mestrado, Fac. Sci., Tanta Univ., Egito.

Al-Sodany, Y.M. (1998). Análise da vegetação de canais, drenos e lagos da parte norte da região do Delta do Nilo, Tese de Doutoramento, Fac. Sci., Tanta Univ., Egito.

Anderson, A.C., Abdel Ghani, A. McDonell, D. e Craig, L. (1981). Absorção de metanearsomato monossódico (MSMA) por plantas aquáticas vasculares. *J. Plant Nutrition,* 3: 173 - 201.

Anónimo (1980). Proposta para a utilização de jacinto de água no fabrico de papel e cartão. CSC (80), RT-8. Commonwealth Science Council, Londres: pp. 15.

Anónimo (1993). Programa SPSS para Windows. Guia do Utilizador do Sistema Base Versão 5.0.2 Marija J. Norsis/SPSS INC.

Anónimo, (1975). Normais Climáticas do Egito. Ministério da Produção Militar, Departamento Meteorológico, Cairo, Egito.

APHA (Associação Americana de Saúde Pública). (1998). Standard Methods for the examination of water and waste water, 19ª edição. Associação Americana de Saúde Pública, Associação Americana de Trabalho da Água, Federação de Controlo da Poluição da Água, Washington, D.C.

Ariki, J., Kawai, H., Paulillo, A.C., Panobianco, M.A. e Mileo, H. (1988). Jacinto de água seco (Eichhornia crassipes) em dietas de galinhas poedeiras. ARS *Veterinaria,* 4 (1): 135 - 142.

Authman, M.M.N.; El-Kasheif, M.A. e Shalloof, K.A.S. (2009). Avaliação e gestão da pesca de espécies *de tilápia* no braço de Damietta do rio Nilo, Egito. World J. Fish Mar. Sci., 1:167-184.

Ayyad, M. A. (1973). Vegetação e ambiente da costa mediterrânica ocidental do Egito. O habitat das dunas de areia. J. Ecol., (61): 509-523.

Ayyad, M.A.; Abdel Razik, M. e Mehanna, A. (1983). Climate and Vegetation Gradient in the Mediterranean Desert of Egypt (Clima e Gradiente de Vegetação no Deserto Mediterrânico do Egito). Pré-relatório do Simpósio de Biocleimatologia do Mediterrâneo, Montepellier (França, 18-20 de maio, III-I-III-2-14).

Azmal, A.K.M., Marumoto, T., Shindo, H. e Nishiyama, M. (1996). Mineralização e formação de biomassa microbiana em solo de montanha alterado com alguns resíduos de plantas tropicais a diferentes temperaturas. Ciência do Solo e Nutrição de Plantas, 42 (3): 463 - 473.

Batanouny K. H. e El-Fiky A. (1984). Jacinto de água no Egito: distribuição e magnitude do problema. Proc. Intern. Conf. On water hyacinth, India, Ed. by Thyagarajan, Q., UNEP, Nairobi: 127-144.

Bartha, R. (1970). Plantas forrageiras na zona do Sahel em África. Weltforum Verlag, München, Alemanha. 306 pp.

Baruah, T.C., Barthakur, H.P. (1997). A text Book of Soil Analysis, Vikas Publishing house PVT LTD,

New Delhi.

Batanouny, K.H. e El-Fiky, A.M. (1983). Jacinto de água no Egito: distribuição e magnitude do problema. Intern. Conf. On Water Hyacinth, editado por Thyagarajan, G., 127 - 144. PNUA, Nairobi.

Birch, L.; Hanselmann, K. W. e Bachofen, R. (1996). Conservação de metais pesados nos sedimentos do Lago Cadagno: registos históricos de emissões antropogénicas num lago alpino meromítico. J. Water Res., 30: 679-687.

Bishop, P. L. e Taylor Eighmy, T. (1989). Tratamento de águas residuais aquáticas com Elodea nuttallii. J. Water Pollut. Contr. Fed., pp. 641-648.

Bolenz, S., Omran, H. e Gierschner, K. (1990). Tratamentos de tecido de jacinto de água para obter produtos úteis. Biological Wastes, 33 (4): 263 - 274.

Boulos, L. (1995 - 2005). Flora do Egito. Vols. 1, 2, 3, e 4, All Hadara Publishing, Cairo, Egito.

Boyd. C.E. (1974). Utilization of aquatic plants, In (ed. Mitchell, D.S.) pp. 107 - 115, Aquatic Vegetation and Its Use and Control UNESCO, Paris.

Branun-Blanquet, J. (1933). Prodrom des Groupements Vegetaux. Comm. Intern. Prodr. Phytosoc., Fasc., 1:1-23.

Brix, H. (1993). Tratamento de águas residuais em zonas húmidas construídas: Conceção do sistema, processos de remoção e desempenho do tratamento. Em Constructed Wetlands for Water Quality Improvement (G. A. Moshiri, Ed.). Lewis, Boca Raton, Fl/Londres/Tóquio, pp. 9-21.

Carbiener, R.; Tremolieres, M.; Mercier, J. L. e Orscheit, A. (1990). Comunidades de macrófitas aquáticas como bioindicadores de eutrofização em águas de riachos oligossapróbios calcários (planície do Alto Reno, Alsácia). Vegetatio, 86: 7188.

Chau, Y. K. (1973). Capacidade de complexação da água natural, seu significado e medição. J. Chromotogr. Sci., 11: 579.

Cross, D.G. (1969). Controlo de ervas daninhas aquáticas com a utilização de corpúsculos de gramíneas. J. Fish Biol, 1: 27 - 30.

Crovello, T.J. (1970). Analysis of Characters Variation in Ecology and Systematics (Análise da Variação de Caracteres em Ecologia e Sistemática). Annual Review of Ecology and Systematics, 1: 55-98.

Crundwell, M. E. (1986). Uma revisão da evapotranspiração de hidrófitas. Rev. Hydrobiol, Trop., 19 (3-4): 215 - 232.

Dale, H. M. e Miller, G. E. (1978). Changes in the aquatic macrophyte flora Whitewater Lake near Sudbury, Ontario from 1947 to 1977. The Canadian Field-Naturalist, 97: 264-270.

Dargie, T. C. D. e El-Demerdash, M. A. (1991). A quantitative study of vegetationenvironment relationships in two Egyptian deserts. J. Vegetat. Sci., 2: 3-10.

Davis, P.H. (1965-1985). Flora of Turkey and the East Aegean Islands. Vols. 1-9, Edinburgh Univ. Press.

Davis, R.A. (1985). Coastal Sedimentary Environments. 2ª ed. Springer-Verlag.

Den Hartog, C. e Segal, S. (1964). Uma nova classificação das comunidades de plantas aquáticas. Ata Bot. Neerl., 13: 367-393.

Dewanji, A., Matai, S., & Chakravarty, T. (1990). Estudos sobre a qualidade da proteína da folha preparada a partir de ervas daninhas aquáticas. Proc. EWRS 8th Symp. On Aquatic Weeds, pp. 85 - 90, Uppsala, Suécia.

Dirilgen, N. e Dogan, F. (2002). Especiação do crómio na presença de cobre e zinco e a sua toxicidade combinada. J. Ecotoxicol. Environ. Safety, 53: 397-403.

Duke, T. W. (1977). Pesticidas em ambientes aquáticos: An Overview. In: Quddus Khan, M. A. (ed). Pesticides in Aquatic Environments. Plenum Press, Nova Iorque e Londres, pp. 81.

Dykyjova, D. (1982). A aplicação de macrófitas na produção de massa vegetal utilizável e na limpeza de águas residuais de pesca (em checo). Em C. Budejovice (ed) o significado das macrófitas na higiene da água e na pesca, pp. 82-93.CSVTS.

Dykyjova, D. (1988). Acumulação de metais pesados em plantas aquáticas e o problema da biomedicação (em Gzech). Em C. Budejovice (ed) Heavy metal in the Environment, CSVTS.

Edress, A.M.M. (1990). Estudos fitoquímicos sobre a vegetação do braço de Roseta do rio Nilo. Tese de Mestrado, Fac. Sci., Mansoura Univ., Egito.

El-Sherbeny, G. A. (2003). Estudos ecológicos sobre a relação entre algumas plantas e a poluição ambiental. Tese de Mestrado, Bot. Departamento de Bot. Fac. Sci., Universidade de Mansoura.

El-Ameir, Y.A. (2005). Estudos eco-palinológicos da vida vegetal do rio Nilo no Egito. Tese de Mestrado, Fac. Sci. Mansoura Univ., Egito.

El-Amier, Y.A. (2010). Estudos Fitossociológicos e Autecológicos sobre a Vegetação da Margem do Canal no Egito. Tese de Doutoramento, Fac. Sci., Mansoura Univ., Egito.

El-Amier, Y.A.; Zahran, M.A. e Al-Mamory, S.H. (2015). Avaliação das caraterísticas físico-químicas da água e dos sedimentos em Rosetta Branch, Egito. Jornal de Recursos Hídricos e Proteção, 7: 1075-1086.

El-Demerdash, M.A. (1984): Estudos ecológicos sobre plantas do género Juncus. Tese de Doutoramento, Fac. Sci., Mansoura Univ., Egito.

El-Demerdash, M.A.; Hosni, H.A. e El-Ashri, N. (1997). Distribuição das Comunidades de Ervas Daninhas no Nordeste do Delta do Nilo, Egito. Feddes Repertorium, 108: 219-232.

El-Demerdash, M.A.; Zahran, M.A. e Serag, M.S. (1990): Sobre a ecologia da terra costeira mediterrânica deltaica, Egito. III. O habitat dos pântanos salgados da região costeira de Damietta - Port Said. Arab. Gulf. J. Scient. Res., 8 (3): *103*- 119.

Elewa, A.A. e Ali, M.H.H. (1999). Estudos de algumas condições físico-químicas do rio Nilo na secção de Damietta. Bull. Fac. Sci. Zagazig Univ., 21:89-113.

Elewa, A.A. e Goher, M.E.M. (1999). Factores ambientais que afectam a precipitação e a dissolução de Fe, Mn, Zn, Cu, Pb e Cd no rio Nilo, na secção de Damietta. Boletim da Faculdade de Ciências, Universidade de Zagazig 21(2): 114- 136.

El-Fadaly, H.; El-Defrawy, M.; El-Zawawy, F. e Makia, D. (2001). Avaliação química e microbiológica da água do rio Nilo na província de Dakahlia. Journal of Environmental Science, 22: 1-18.

El-Fiky, M. M. (1974). Estudos sobre a ecologia das plantas aquáticas com especial referência a *Eichhornia crassipes*. Tese de Mestrado, Fac. Sci., Cairo Univ. Egito.

EL-Hadidi, M.N. (1980). An outline of the planned flora of Egypt. Taeckholmia Add. Ser., 1:1-12.

El-Ghareeb, R. (1975). A Study of the Vegetation-Environmental Complex of Saline and Marshy Habitats on the Northern Coast of Egypt. Tese de doutoramento, Fac. Sci., Alexandria Univ., Egito.

El-Hadidi, M.N. (1993). The Agricultur of Egypt. Em G.M. Craig (ed.). Oxford Univ. Press. p. 39-62.

El-Hadidi, M.N. e Fayed, A.A. (1995). Materiais para a Flora de Excursão do Egito (EFE), Universidade do Cairo, Herbário de Gizé 12163, Egito - Taeckholmia 15.

EL-Hadidi, M.N. e Hosni, H.A. (1996). Biodiversidade na flora do Egito: 785 - 787. In: The Biodiversity of African Plants (eds. L.J.G. Van der Maesen *et al.).*

El-Halawany, E.F. (2002): Caracterização do habitat das zonas húmidas ao lado das pisciculturas no Delta do Nilo Norte. Egito. Paquistão J. Biol. Sci., 5 (5): 626 - 632.

El-Hennawy, M.T. (1999). Estudos ecológicos sobre hidrófitas aquáticas em Dakahlia e Damietta. Tese de Mestrado, Fac. Sci., (New Damietta) Mansoura Univ., Egito.

El-Kasheif, M.A.; Kariman A.S. e Authman, M.N. (2013). Estudos sobre alguns caracteres reprodutivos de espécies de Tilápia no ramo Damietta do rio Nilo, Egito. Jornal de Pescas e Ciências Aquáticas, 8: 323-339

Elkhatat, A. M.; Sadek, M. A.; Salem, W. M.; Elshahat, M. F. (2013). Impactos das barragens nas propriedades químicas e isotópicas do ramo Damietta do rio Nilo. Journal of Environmentally Friendly Processes, 1(1): 01-13.

El-Khatib, A.A. e El-Sawaf, N. (1998). Captura diferencial de metais pesados por macrófitas aquáticas em diferentes massas de água perto da área de Sohag, Alto Egito. Ata Hydrobiology, 40: 67 - 73.

El-Khiary, A.M. (2005). Estudos ecológicos sobre a vegetação do rio Nilo (braço de Damietta) nas províncias de El-Dakahlia e Damietta. Tese de Mestrado, Fac. Sci. (New Damietta), Universidade de Mansoura, Egito.

El-Kholy, A.A. (1989). Estudos biológicos e ecológicos de *Myriophyllum spicatum* L. como base para um melhor controlo. Tese de Mestrado, Instituto de Estudos Africanos, Universidade do Cairo, Egito.

El-Mongy, M.E. (1978). Estudos sobre índices bacterianos de poluição nos recursos hídricos de Mansoura. Tese de Mestrado, Fac. Sci. Mansoura University, Egito.

El-Sheikh, M.A. (1989). Estudo das relações vegetação-ambiente das margens dos canais da região do Médio Delta. Tese de Mestrado, Fac. Sci., Tanta Univ., Egito.

El-Sheikh, M.A. (1996): Comunidades de plantas ruderais da região do Delta do Nilo. Tese de Doutoramento, Fac. Sci., Tanta Univ., Egito.

Emam, T. e Hydraulics, D. (2000). Sistema de Gestão Operacional para o Canal El-Salam, Relatório Inicial, 2000.

Emberger, L. (1955). Une Classification Biogeographiques, des Climates, Recueil des Travaux de Laboratories de Botanique, Geologie et Zoologie de la Faculte de Science dl'Universite de Montpellier, Fascicule, 7: 3-43.

Engelman, R. e LeRoy, P. (1993). Sustainable Water; Population and the Future of Renewable Water Supplies. Programa População e Ambiente. Population Action International, 1120 19th street NW Suite 550, Washington, DC 20036, EUA.

Ezzat, S.M. e Elkorashey, R.M. (2012). Omar Bek drena a qualidade da água e o seu impacto no ramo de Damietta, rio Nilo-Egito. American-Eurasian J. Agric. & Environ. Sci., 12 (4): 472-483.

Fayed, A.A. (1985). A distribuição de *Myriophyllum spicatum* L. nas águas interiores do Egito. Folia Geobotanica & Phyto Taxonomica, 20:197-199.

Fayed, S.E. e Abdel Shafy, H.I. (1985). Acumulação de Cu, Zn, Cd e Pb por macrófitas aquáticas. *Ambiente Internacional,* 11: 77 - 87.

Feinbrun-Dothan, N. (1978 e 1986). Flora Palaestina, Vol. 3 e 4. Academia Israelita de Ciências e Humanidades, Jerusalém.

Florence, I. M. e Batley, G. E. (1977). Determinação do cobre na água do mar por voltametria de decapagem anódica. J. Electroanal. Chem., 75: 791-798.

Frimmel, F.; Roder, R. e Quentin, K. (1974). Polarographische Untersungen zur Kompexbildung in Gewassern. Vom wasser. 43: 381-395.

Gauch, H.G., e Whittaker, R.H. (1981). Hierarchical Classification of Community Data (Classificação

Hierárquica de Dados Comunitários). Jour. Ecol., 69: 537-557.

Gersberg, R.M., Elkins, B.V., Lyon, S.R. & Goldman, C.R. (1986). Papel das plantas aquáticas no tratamento de águas residuais em zonas húmidas artificiais. Water Research, 20 (3) : 363 - 368.

GESAMP (Grupo Conjunto de Peritos sobre os Aspectos Científicos da Poluição Marinha da OMI/FAO/UNESCO/WMO/WHO/IAEA/UN/UNEP) (1982). A saúde dos oceanos. Rep. Stud., GESAMP. 15: 1-108, e UNEP Reg. Seas Rep. Stud. 16, 1-108.

Gilman, R.H., Hullick, D., Chatterjee, B.D. & Nath, K. (1983). Clearance of pathogenic bacteria and virus from the water column by aquatic plants. Intern. Conf. Jacinto de água, Hydrabad, Sinopse dos artigos: 51 (Resumos).

Gopal, B. (1986). Problemas de ervas daninhas aquáticas e abordagens para a sua gestão no sul da Ásia. Actas EWRS/AAB 7th Symposium on Aquatic Weeds pp. 125-130.

Gopal, B. (1987). Water Hyacinth. Elsevier, Amesterdão: pp. 471.

Greig-Smith, P. (1964). Quantitative Plant Ecology. 2ª ed. Butter-Worths, Londres.

Guerra, L.V. (1976). Programa de controlo da vegetação nociva. Apresentação da Comissão ao Departamento de Parques e Vida Selvagem do Texas. Austin, Texas.

Gunnison, D. e Barko, J.W. (1992). Factores que influenciam a evolução do gás sob uma barreira bentónica, J. Aquatic Plant Management, 30: 23 - 38.

Haeikal, M.T. (1994). Estudos sobre bioindicadores de poluição da água no rio Nilo. Tese de Mestrado, Instituto de Estudos e Investigação Ambiental, Universidade de Ain Shams, Egito.

Haider, S.Z., Malik, K.H.A., Rahman, M.N. e Ali, M.A. (1984). Controlo da poluição pelo jacinto de água. In: (ed. Thyagarajan, G.). Proc. Intern. Conf. Water Hyacinth, PNUA, Nairobi: pp. 627 - 634.

Harman, W. N. e Doane, T. R. (1970). Mudanças na flora aquática do Lago Otsego "entre" 1935- 1965. New York Fish and Game Journal. Vol. 17, pp. 121123.

Hassib, M. (1951). Distribuição das comunidades vegetais no Egito. Bull. Fac. Sci., Fouad Univ., 29: 259-261.

Hegazy, B. E. (2012). Estudo comparativo de diferentes estações de tratamento de água em Damietta Governorate, Egito. Jornal Australiano de Ciências Básicas e Aplicadas, 6(3): 474-482.

Hegewald, E. e Runkel, K. H. (1981). Investigações sobre os lagos do Peru e o seu fitoplâncton. 6. Análises químicas adicionais. J. Arch. Hydrobiol. Vol, 92 (1), pp. 31-43.

Hejny, S. e Kosinova, J. (1977). Contribuição para a publicação de vegetação sinantrópica da Universidade do Cairo, Herbariumn, 7-8: 273-286.

Hess, A.D. e Hall, T.F. (1945). A relação das plantas com o controlo da malária em águas represadas com uma classificação sugerida. J. Natn. Molar. Soc., 4: 20-46.

Hill, M.O. (1979a). DECORANA-a FORTRAN Program for Detrended Correspondence Analysis and Reciprocal Averaging. Secção de Ecologia e Sistemática, Universidade de Cornell, Ithaca, Nova Iorque.

Hill, M.O. (1979b). TWINSPAN-a FORTRAN Program for Arranging Multivariate Data in an Ordered Two Way Table by Classification of Individual and Attributes. Secção de Ecologia e Sistemática da Universidade de Cornell, Ithaca, Nova Iorque.

Hill, M.O.; Bunce, R.G.H.; e Shaw, M.W. (1975). Indicator Species Analysis, Advisive Polythetic Method of Classification and its Application to a Survey of Nativa Pinewoods in Scotland. J. Ecol., 63: 597-613.

Idso, S. B. (1981). Taxas relativas de perdas de água por evaporação em massas de água abertas e cobertas de vegetação. Water Resources Bull, 17(1): 46-48.

Jackson, M.L. (1962). Análise química do solo Constable and Co. LTD. London.

Jenssen, P.; Mahlum, T. e Krogstad, T. (1993). Potencial utilização de zonas húmidas construídas para o tratamento de águas residuais em ambientes do norte. J. Water. Sc. Technol., 28: 149-157.

Kassas, M. (1972). Uma breve história do uso da terra na região de Mareotis, Egito. Minerava Biologica, 1: 167-174.

Kershaw, K.A. e Looney, J.H. (1985). Quantitative and Dynamics of Plant Ecology. 3ª ed. Edward Arnold.

Khedr, A.A. e El-Demerdash, M.A. (1995). Distribuição e relações ambientais das macrófitas aquáticas na secção nordeste, Delta do Nilo, Egito. Proc. 5th Intern. Conf. Environmental Protection is a Must. Instituto Nacional de Oceanografia, Alexandria; 197 - 223.

Khedr, A.A. (1989). Estudos ecológicos no Lago Manzala, Egito. Tese de Mestrado, Fac. Sci., Universidade de Mansoura, Egito.

Khedr, A.A. (1997). Distribuição de macrófitas aquáticas no Lago Manzala, Egito. International J. Salt Lake Research. Kluwer Academic Publishers, 5: 221239.

Khedr, A.A. (1998). Vegetation zonation and management in the Damietta estuary of the River Nile, J. of Coastal Conservation, 4: 79-86.

Khedr, A.A. (1999). Composição florística e fitogeografia de um lago deltaico mediterrânico (Lago Burollos), Egito. Ecologia Mediterranea, 25 (1): 1 - 11.

Khedr, A.A. e El-Demerdash, M.A. (1997). Distribuição de plantas aquáticas em relação a factores ambientais no Delta do Nilo. Aquat. Bot., 56: 75 - 86.

Khedr, A.A. e Serag, M.S. (1998). Influências ambientais na distribuição e abundância da alface-de-água

(Pistia stratiotes L.) no Egito. Limnologica, 28: 387-393.

Khedr, A.A. e Zahran, M.A. (1999). Estudo comparativo sobre a vida vegetal de dois lagos deltaicos mediterrânicos no Egito. Univ. de Assuit, Bull. Envir. Research, 2: 1-4.

Lind, C. T. e Cottam, G. (1969). Os aquáticos submersos da baía da universidade: um estudo sobre eutrofização. Ammerican Midland Naturalist, 81: 353-369.

Mahala, A.G.; Elnadeef, Y.M.A.; Amasaib, E.O. e Atta, B.A. (2012). Avaliação nutritiva de duas gramíneas de inundação no Nilo Branco - Sudão. Journal of Animal and Feed Research, 2(6): 479-482.

Maine, M. A.; Duarte, M. V. e Sune, N. L. (2001). Captação de cádmio por macrófitas flutuantes. J. Wat. Res., 35: 2629-2634.

Maine, M. A.; Sune, N. L. e Lagger, S. C. (2004). Bioacumulação de crómio: comparação da capacidade de duas macrófitas aquáticas flutuantes. J. Water Res., 38: 1494-1501.

Martin, C. O.; Na i lon, W. T. Estado atual do programa de controlo de plantas aquáticas no Texas. Relatório final, programa de investigação sobre o controlo de plantas aquáticas. Vicksburg, MS: Army Engineers, Waterway Experiment Station; 1977: 19-23.

Martin, M. N. e Coughtrey, P. J. (1982). Biological Monitoring of Heavy Metal Pollution (Monitorização biológica da poluição por metais pesados). Appl. Sci. Publishers, Londres.

Mashaly, I.A. (1987). Ecological and Floristic Studies of Dakahlia- Damietta Region, Tese de Doutoramento, Fac. Sci., Mansoura Univ., Egito.

Mashaly, I.A. (2001). Contribuição para a ecologia da costa deltaica do Mediterrâneo, Egito. Online J. Biol. Sci., 1(7): 628-635.

Mashaly, I.A. (2002): Estudos ecológicos sobre *Zygophyllum aegyptium* na costa mediterrânica deltaica do Egito. Paquistão J. Biol. Sci., 5 (2): 152 - 160.

Mashaly, I.A.; El-Halawany, E.F. e Omar, G. (2001). Análise da vegetação ao longo de canais de irrigação e drenagem na província de Damietta, Egito. Online Jour. Biol. Sci., 1(12): 1183-1189.

Mashaly, I.A.; El-Halawany, E.F. e Omar, G. (2002): Floristic features of Damietta area in the north east Nile Delta, Egypt. Tackholmia, 22(1): 101 - 114.

Mashaly, I.A. e Awad, E.R. (2003 a): Flora infestante de pomares no Delta do Nilo, Egito: Caraterísticas florísticas. Asian J. Plant. Sci., 2 (3): 314 - 324.

Mashaly, I.A. e Awad, E.R. (2003 b): Ecological perspectives on the weed flora of orchards in the Nile Delta, Egypt. J. Environ. Sci. Mansoura Univ., 25: 1 - 37.

Mashaly, I.A.; El-Halawany, E.F. e Omar, G. (2003). Biodiversidade e fitoquímica da flora de ervas daninhas de três habitats, Região de Damietta, Egito. J. Envir. Sci., Mansoura Univ., 26(2): 21-57.

Mashaly, I.A.; Khedr. A.A.; Barakat, N. e Serag, M.S. (2003). Sobre a ecologia da comunidade de jacintos de água no sistema do rio Nilo no Egito. Jour. of Envir. Sci., Mansoura Univ., 26(1): 229-248.

Mashaly, I. A.; El-Habashy, I.E.; El-Halawany, E.F. e Omar, G. (2009). Habitat e Comunidades Vegetais no Delta do Nilo do Egito II. Habitat do Banco do Canal de Irrigação e Drenagem. Paquistão J. Biol. Sci., 12 (12): 885-895.

Mashaly, I.A.; El-Shahaby, O.A. e El-Ameir, Y.A. (2010). Caraterísticas florísticas dos habitats das margens do canal, Egito. Jornal de Ciências Ambientais, 39(4): 483 - 501.

Masoud, G.F. (2004). Estudos ecológicos e potencialidades económicas de algumas espécies da família Amaranthaceae no Egito. Tese de Mestrado, Fac. Sci., Mansoura Univ., Egito.

Maswada, H.F. (2004). Estudos ecológicos na área protegida do Lago Borollus, Egito. Tese de Mestrado, Fac. Agric, Tanta Univ., Egito.

McKenzie, P.M., Michael, P.W., Urbatsch, L.E., Noble, R.E. & Proctor, G.R., 1993. Primeiro registo de *Echinochloa stagnina* (Poaceae) para Porto Rico e chave para *Echinochloa* nas Índias Ocidentais. SIDA 15(3): 527-532

Meig, P. (1973). World Distribution of Coastal Desert. Their Natural and Human Environments, ed. David, H.K., Amiran e Andereu, W. Wiloon. David, H.K., Amiran e Andereu, W. Wiloon. Arizona Univ., Press. 3-13.

Meikle, R.D. (1977 & 1985). Flora of Cyprus. Vols. 1 e 2. Bentham-Maxon Trust, Royal Botanic Gardens, Kew.

Metha, I. e Sharma, R.R. (1976). Ervas daninhas aquáticas no sudeste da Ásia. Em C. K. Varshney e J.Rz oska (eds.): 85- 90. W. Junk, Haia.

Miretzky, P.; Saralegui, A. e Cirelli. F. A. (2006). Mecanismo de remoção simultânea de metais pesados por macrófitas mortas. J. Chemo, 62: 247-254.

Mitchell, D. S. (1974). Ervas daninhas aquáticas. In: Aquatic vegetation and its use and control. Editado por D. S. Mitchell. Pp 13 - 22. Unesco Paris.

Montasir, A.H. (1937): Ecologia do Lago Manzala. Bula. Fac. Sci., Egyptian Univ., 12: 1 - 50.

Montasir, A.H. (1938). Estrutura do solo egípcio em relação às plantas. Bull. Fac. Sci. eg. Univ., Cairo, 15: 1-47.

Moody, M. L. e Les, D. H. (2007). Distribuição e composição de populações invasoras de watermilfoil híbrido *(Myriophyllum spicatum* e *M. sibiricum)* na América do Norte. Biological Invasions, 9:559-570.

Moursi, H. A. (1976). Alguns aspectos dos problemas e gestão das ervas daninhas aquáticas no sistema do Nilo. Simpósio sobre os projectos de barragens de água e lagos do Nilo: Centro Nacional de

Investigação. Cairo: 188 - 198

Mueller-Dombois, D. e Ellenberg, H. (1974). Aims and Methods of Vegetation Ecology. John Wiley and Sons, Nova Iorque, Chichester, Brisbane, Toronto.

Murphy, K. J.; Roslett, T. e Springuel, I. V. (1990). Análise estratégica de comunidades de lagos submersos: um exemplo internacional. Aqua. Bot., 36: 303-323.

Orozco, A. (1979). Remoção de cor e transpiração com jacinto de água. Tecn. Invest. Tratam. Medio, Ambiente, 1 (1): 15 - 30.

Pierce, W.C.; Haenisch, E.L. e Sawyer, D.T. (1958). Quantitative Analysis (Análise quantitativa). Wiley Toppen, Tóquio.

Piper, C.S. (1947). Soil and Plant Analysis, Interscience Publishers, Inc., Nova Iorque. Nova Iorque.

Prescott, G.W. (1978). How to Know the Freshwater Algae. 3ª ed. Wm. C. Brown Co., Dubuque, IA.

Priscila, L. G.; Majeti, N. V. P.; Patrícia, F. C.; Pedro, J. L. e Ricard, A.A. (2005). Fitorremediação: tecnologia verde para a limpeza de metais tóxicos no meio ambiente. J. Plant Physiol., 17(1): 53-64.

Quezel, P. (1978). Análise da flora da África Mediterrânica e Saariana: Fitogeografia de África. Ann. Missouri Bot. Gard., 65: 479 - 534.

Rabeh, S.A. (2000). Poluição térmica e microbiana no rio Nilo na região industrial de Shoubra El-Kheima, Egito. Sociedade da Academia Egípcia para o Desenvolvimento Ambiental, 1(1): 83-98.

Raunkiaer, C. (1934). As formas de vida das plantas e a geografia estatística das plantas. Traduzido por Carter, Fausboll e Tansley, Oxford Univ. Press, Londres.

Raunkiaer, C. (1937). Plant Life Forms. Clarendon, Oxford.

Rizzini, A.; Uezzian, F.; Coceccetta, V. e Miland, G. (1978). Estratigrafia e Sedimentação da Secção Quaternária Neogénica na área do Delta do Nilo. Geologia Marinha, 27: 327-348.

Romero, M. I. e Oniandia, M. (1995). Macrófitas aquáticas crescidas como indicador da qualidade da água dos rios no noroeste da Península Ibérica. Ann. Bot. Fenn., 32: 91-99.

Sabae, S. Z. (2004). Monitorização da poluição microbiana no rio Nilo e o impacto de algumas actividades humanas nas suas águas. 3ª Conferência Internacional sobre Ciências Biológicas. Universidade de Tanta. 28-29, abril, Vol.3: 200-214.

Sabae, S.Z. e Rabeh, S.A. (2007). Avaliação da qualidade microbiana das águas do rio Nilo em Damietta Branch, Egito. Egyptian Journal of Aquatic Research, 33(1): 301-311.

Sabae, S.Z.; Hazaa, M.M.; Aballah, S.A; Awny, N. e Dabbor, S.M. (2006). Estudos sobre indicadores bacterianos de poluição da água e isolados de biorremediadores para Cu^{2+} , Fe^{2+} e Zn^{2+} no rio Nilo Rosetta Brach, Egito. Egyptian Journal of Biotechnology, 22: 77-104.

Saleh, A. T. (1997). Estudos ecofisiológicos sobre algumas hidrófitas na província de Assiut. Tese de Doutoramento, Fac. Sci., Assiut Univ.

Sankara, G.H. e Reddy, Y. (1995). Efficient use of irrigation water. Kalyani Publishers, Nova Deli, Índia.

Sculthorpe, C.D. (1967). The Biology of Aquatic Vascular Plants (A Biologia das Plantas Vasculares Aquáticas). Edward. Arnold, Londres: 610 pp.

Serag, M. S. (2000). A Descoberta do papiro *(Cyperuspapyrus* L.) na margem do Ramo Damietta, Delta do Nilo, Egito. Tackholmia, 20: 195-198.

Serag, M.S. (1986): Sobre a ecologia da zona costeira de Damietta. Tese de Mestrado, Fac. Sci., Mansoura Univ., Egito.

Serag, M.S. (1991). Estudos sobre a ecologia e o controlo de ervas daninhas aquáticas e das margens dos canais do Delta do Nilo, Egito. Tese de Doutoramento, Fac. Sci., Mansoura Univ., Egito.

Serag, M.S. e Khedr, A.A. (1996). A linha de costa e a vegetação aquática do canal El-Salam, Egito. J. Envir. Sci., Mansoura Univ., 11: 141-163.

Serag, M.S.; Khedr, A.A.; Zahran, M.A. e Willis, A.J. (1999). Ecologia de algumas plantas aquáticas em cursos de água poluídos, Delta do Nilo, Egito. Proc. 6ª Conf. J. Union Arab Biol., 9 (B): 85 - 97.

Sestini, G. (1976). Geomorphology of the Nile Delta, UNESCO Proceedings of Seminar on Nile Delta Sedimentology Alex., p.12-24.

Shaaban-Dessouki, S.A.; Soliman, A.I. e Deyab, M.A. (1993). Caraterísticas ambientais e distribuição de nutrientes no estuário de Damietta do rio Nilo. Jornal de Ciências Ambientais, 6:159 -177.

Shalaby, M.E. (1995): Estudos sobre a vida vegetal na província de Kafr El-Sheikh, Egito. Tese de Mestrado, Faculdade de Agricultura, Kafr El-Sheikh, Universidade de Tanta, Egito.

Shaltout, K.H. e El-Sheikh, M.A. (1991). Análise do gradiente da vegetação dos canais no Delta do Nilo, Egito. Relatório Feddes, 102 (7 - 8): 639 - 645.

Shaltout, K.H. e Sharaf El-Din, A. (1988). Tipos de habitat e comunidades vegetais ao longo de um transecto na região do Delta do Nilo. Relatório Feddes, 9: 152 - 162.

Shaltout, K.H. (1983). Um estudo ecológico de *Thymelaea hirsuta* (L.) Endl. No Egito. Tese de Doutoramento, Fac. Sci., Tanta Univ., Egito.

Shaltout, K.H. e El-Sheikh, M.A. (1993). Relações entre vegetação e ambiente ao longo de cursos de água na região do Delta do Nilo. J. Veg. Sci., 4: 567 - 570.

Shaltout, K.H.; Sharaf El-Din, A. e El-Sheikh, M.A. (1994). Riqueza de espécies e fenologia da vegetação ao longo de canais de irrigação e drenos no Delta do Nilo, Egito. Vegetatio, 112: 35 - 43.

Shaltout, K.H.; El-Kady, H.F. e Al-Sodany, Y.M. (1995). Análise da vegetação da região mediterrânica do Delta do Nilo, Vegetatio, 116: 73 - 83.

Shaltout, K.H.; El-Kady, H.F. e El-Sheikh, M.A. (1999). Diversidade de espécies dos habitats ruderais no Delta do Nilo. Taeckholmia, 19(2): 203-225.

Shaltout, K.H.; Hassan, L.M. e Farahat, E.A. (2005a). Relações entre vegetação e ambiente no Delta do Nilo Sul. Taeckholmia, 25: 15-46.

Shaltout, K.H.; Sharaf El-Din, A. e Ahmed, D.A. (2010). Vida vegetal no Delta do Nilo. Tanta Univ. Press, Tanta, Egito.

Shibata, M.; Yamazaki, K. e Ishikura, N. (1965). *Eichhornia,* uma nova antocianina isolada da flor do jacinto de água. Bot. Mag. Tóquio, 78: 299305.

Shore, F.W., Zandt, V. & Smith, W. (1977). Jacinto de água para remoção de toxafeno da água. J. Miss. Aca. Sci., 22 (Suplemento 1): 17 - 22.

Sikka, K.A. 2008. Abordagens participativas para a gestão da terra e da água: uma visão geral. In: Participator try irrigation management (Gautam, U.S., Singh., AK., Sikka, A.K., Kumar, A. e Kumar, U. (Eds). Agrotech Publishing Academy, Udaipur, Índia.

Simpson, N.D. (1932). A Report on the Weed Flora of the Irrigation Channels in Egypt (Relatório sobre a flora infestante dos canais de irrigação no Egito). Cairo: Government Press.

Sneath, P.H. e Sokal, R.R. (1973). Numerical Taxonomy, W.H.Freeman and Co., São Francisco.

Snedecor, G.W. e Cochran, W.G. (1968). Statistical Methods 6th ed. The Iowa State Univ. Press, EUA

Spence, D.N. (1967). Factores que controlam a distribuição de macrófitas de água doce, com especial referência aos lagos da Escócia. J. Ecol., 55: 147 - 170.

Spink, A. J., (1992). The Ecological Strategies of Aquatic Ranunculus species. Tese de Doutoramento, Glasgow Univ.

Springer, P. C. (1974). Trace Metals and Metal Organic Interation in Natural Waters. 380 pp. An Arbor Science Publishers Inc., Ann Arbor.

Springuel, I. e Murphy, K.J. (1990). Euphydrophytes of Egyptian Nubia. Aquatic Botany, 37: 17-25.

Springuel, I.V. (1990). Vegetação ribeirinha no Vale do Nilo no Alto Egito. J. Veg. Sci., I: 595 - 598.

Stace, C. (1991). New Flora of the British Isles 1st edn. Cambridge University Press, Combridge, Reino Unido: 1266 pp.

Sterry, P.R., Thomas, J.D. e Patience, R.L. (1985). Changes in the concentrations of short-chain carboxylic acids and gases during decomposition of the aquatic macrophytes, *Lemna Paucicostata* and *Ceratophyllum demersum.* Freshwater Biology, 15 (2): 139 - 154.

Suresh, B. e Ravishankar, G. A. (2004). Fitorremediação - Uma abordagem nova e promissora para a limpeza ambiental. Crit. Rev. Biotechnol., 24: 97-124.

Szymanowska, A., Samecka Cymerman, A. e Kempers, A.J. (1999). Metais pesados em três lagos da Polónia Ocidental. Ecotoxicologia e Segurança Ambiental, 43 (1): 21 - 29.

Tackholm, V. (1974). Students' flora of Egypt. 2ª edição, Cairo Univ. Press.

Täckholm, Vivi e Drar, M. (1950). Flora do Egito. Angiospermae, parte I, Monocotiledóneas vol. 2, Cyperaceae - Juncaceae. Bull. Fac. Sci, Fouad I University, Cairo, 28 (2): 99 - 145.

Tadros, T.M. (1953). Um estudo fitossociológico das comunidades halófilas de Mareotis (Egito). Vegetatio, 4: 102-124.

ter Braak, C.J. (1986). Análise de correspondência canónica: A New Eigenvector Technique for Multivariate Diret Gradient Analysis. Ecology, 67: 11671179.

ter Braak, C.J. (1987). The analysis of Vegetation - Environment Relationships by Canonical Correspondence Analysis (CCA). Vegetatio, 69: 69-77.

ter Braak, C.J. (1988). CANOCO-aFORTRAN Program for Canonical Community Ordination by Partial Detrended Correspondence Analysis, Principal. Component Analysis and Redunancy Analysis (Versão 2.1). Agric. Math. Group, Wageninigen, Países Baixos.

Thornthwaite, C.W. (1948). An Approach Towards a National Classification of Climate [Uma abordagem para uma classificação nacional do clima]. Geogr. Rev., 38: 55-94.

Trewartha, G.T. (1954). An Introduction to Climate. Drexel Inst. Tech., 10.

Tutin, T.G.; Heywood, V.H.; Burges, N.A.; Moore, D.M.; Valentine, D.H.; Walters, S.M. e Webb, D.A. (1964-1980). Flora Europaea. Vols. 1-5, Cambridge Univ. Press.

UNESCO (1977). Mapa da Distribuição Mundial das Regiões Áridas. Notas Técnicas do MAB.

Van Goenendael, J.; Hochstenbach, S.M.; Van Mansfeld e Roozen, A. (1983).

Comunidades vegetais de lagos, zonas húmidas e pântanos em Connemara Ocidental, Irlanda. Jour. Life Sci. R. Dubl. Soc., 103-128.

Vermaat, J. E.; Bruyne, R. J. e De-Brune, D. J. (1993). Factores que limitam a distribuição de plantas aquáticas submersas na planície do rio Vecht (Países Baixos). J. Freshwater Boil, 30(1): 147-157.

Volker, R. e Smith, S. G. (1965). Mudanças na flora vascular aquática do Lago East Okobojiin em tempos históricos. Actas da Academia de Ciências do Iowa, 72: 65-72.

Welch, P. S. (1952). Limnology, segunda edição. Nova Iorque, Mc Graw-Hill Co., 538 pp.

Welch, P.S. (1948). Limnological Methods. Blakiston, Philadelphia.

Westhoff, V. e Van der Maarel, E. (1973). A abordagem Bruan-Blanquet. In: Whittaker, R.H. (ed) handbook of vegetation science. V. Ordenação e classificação da vegetação, pp. 619-729. Dr. W. Junk, Haia.

Westhoff, V. e Van der Maarel, E. (1973). A abordagem Bruan-Blanquet. In: Whittaker, R.H. (ed) Handbook of vegetation science. V. Ordenação e classificação da vegetação, : 619 - 729. Dr. W. Junk, Haia.

Westlake, D. F. (1973). Aquatic macrophytes in River. Polskie Archiwum Hydrobiologgi. 20 (1): 31-40.

Whittington, D. e McClelland, E. (1992). Opportunities for regional and international cooperation in the Nile Basin (Oportunidades de cooperação regional e internacional na bacia do Nilo). Water Intern, 17: 144-154.

Wichelns, D. (2002). An economic perspective on the potential gains from improvements in irrigation water management. Agricultural Water Management, 52: 233-248.

Zahran, M.A.; Abu Ziada, M.E.; El-Demardash, M.A. e Khedr, A.A. (1989). Uma nota sobre a vegetação das ilhas do Lago Manzala, Egito. Vegetatio, 85: 8388.

Williams, W. D. (1993). Conservation of salt lakes (Conservação de lagos salgados). J. Hydrobiol. Vol. 267, pp. 291306.

Wolverton, B. C. e Mc Donald, R. C. (1979). O jacinto de água: de praga prolífica a potencial fornecedor. J. Ambio. Vol. 8 (1), pp. 2-9.

Yacoub, H. A. (2003). Estudos ambientais sobre plantas aquáticas no Egito. Tese de Doutoramento, Damietta Fac. Sci., Mansoura Uni. Egito.

Yadav, R.L.; Singh, S.R.; Prasad, K.; Dwivedi, B.S.; Batta, R.K.; Singh, A.K.; Patil, N.G. e Chaudhari,S.K. (2000). Managaemnt of irrigated agro-ecosystem. In: Natural resource management for agricultural production in India. Yadav, J.S.P. e Singh G.B. (editores). Sociedade Indiana de Ciência do Solo. pp -775 - 870.

Zahran, M.A. e Willis, A.J. (1992). The Vegetation of Egypt. Chapman and Hall, Londres.

Zahran, M.A. e Willis, A.J. (2003). Plant Life of the River Nile in Egypt (Vida vegetal do rio Nilo no Egito). Mars Publishing, Reyadh, Arábia Saudita.

Zahran, M.A.; EL-Demerdash, M.A. e Mashaly, I.A. (1990). Tipos de vegetação da costa mediterrânica deltaica do Egito e seu ambiente. J. Veg. Sci., 1: 305 - 310.

Zahran, M.A.; Soliman, M.I. e Serag, M.S. (1994). Análise de habitats e anatomia de *Juncus subulatus* Forssk, Costa Mediterrânica Deltaica, Egito. Investigação Científica do Golfo Árabe, 12(2): 301-319.

Zahran, M.A.; Serag, M.S. e Persson, S. (1995). Sobre a ecologia da vegetação das margens do canal do

Delta do Nilo, Egito. Nat. Conf. sobre o Rio Nilo, Centro de Estudos Ambientais da Universidade de Assiut (AUCES): 27-45.

Zahran, M.A., Serag, M.S. e Björk, S. (1998). Sobre a ecologia das plantas aquáticas dos canais de irrigação e drenagem de Damietta, Egito. J. Envir. Sci. Mansoura Univ., 16: 77 - 91.

Zohary, M. (1966 e 1972). Flora Palaestina. Vols. 1 e 2 Academia Israelita de Ciências e Humanidades, Jerusalém.

Zohary, M. (1973). Fundamentos geobotânicos do Médio Oriente. Vols. 1 & 2. 1 & 2. Gustav Fischer Verlag, Estugarda. 739 pp.

Zyadah, M. (1996). Ocorrência de metais pesados em alguns sedimentos de peixe e amostras de água do rio Nilo na província de Damietta. Procedimentos da 6ª Conferência Internacional "Environment Protection Is A must", Alex, Egito: 929-942.

MIX
Papier aus verantwortungsvollen Quellen
Paper from responsible sources
FSC® C105338

Printed by Books on Demand GmbH, Norderstedt / Germany